图解零基础时尚中式服装裁剪与制作

王京菊 韩潇潇 胥恒 著

化学工业出版社
·北京·

内 容 简 介

本书以全彩色图解的形式，精选大量中式服装，强调新款式、新造型、新技法，帮助读者轻松学习和掌握时尚中式服装制板与裁剪技法与技巧。全书内容涵盖中式服装裁剪制作与制板基础知识、旗袍的裁剪制作与制板、中式短衫的裁剪制作与制板、中式袍服的裁剪制作与制板、中式马甲背心的裁剪制作与制板、中式罩衣的裁剪制作与制板等。

本书图文并茂、通俗易懂，技术性、实用性、实操性强，为读者提供了大量能直接裁剪制作的中式服装制板实例。本书既可供广大服装爱好者、服装技术人员阅读和使用，也可作为在校师生的教学参考书，快速入门，成为高手！

图书在版编目（CIP）数据

图解零基础：时尚中式服装裁剪与制作 / 王京菊，韩潇潇，胥恒著. —北京：化学工业出版社，2021.11（2025.3重印）

ISBN 978-7-122-39901-4

Ⅰ. ①图… Ⅱ. ①王… ②韩… ③胥… Ⅲ. ①服装量裁－中国－图解 ②服装缝制－中国－图解 Ⅳ. ①TS941.742-64

中国版本图书馆 CIP 数据核字（2021）第 183495 号

责任编辑：朱 彤　　文字编辑：谢蓉蓉
责任校对：边 涛　　装帧设计：水长流文化

出版发行：化学工业出版社（北京市东城区青年湖南街 13 号　邮政编码 100011）
印　　装：河北京平诚乾印刷有限公司
787mm×1092mm　1/16　印张 10¼　字数 243 千字　2025 年 3 月北京第 1 版第 5 次印刷

购书咨询：010-64518888　　售后服务：010-64518899
网　　址：http://www.cip.com.cn
凡购买本书，如有缺损质量问题，本社销售中心负责调换。

定　　价：58.00 元

前言

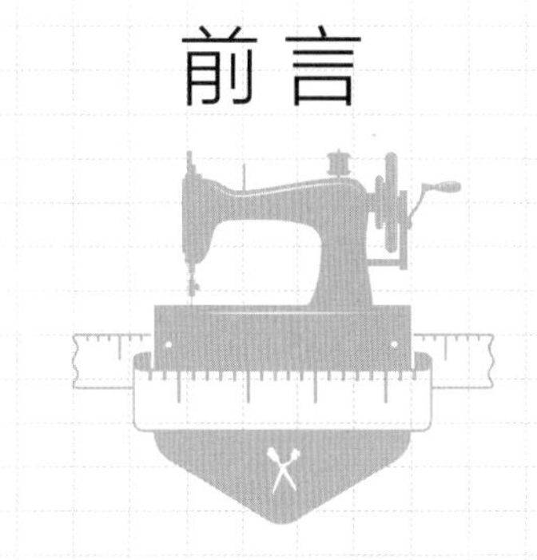

现代的中式服装一般是指具有中国传统文化特色的服饰，广受大家喜爱的旗袍、唐装、汉服等服饰都可以划分为中式服装。但现代的中式服装服饰并不是简单复原中国历史上出现过的服饰，而是汲取其中的文化精髓，如服饰材料、服饰结构、装饰工艺、图案色彩等元素，形成与现代文化和理念相融合的“中国风”服饰。目前中式服装已潜移默化地深入我们每一个人的生活当中，并助推中华文化走向世界大舞台。

现代中式服装常选用交衽、立领、前后连裁、无肩缝连身袖、斜开襟、对襟、两侧缝开衩等中国服饰结构造型中的经典元素。本书编写时，在借鉴传统中式服装元素的同时，融入时尚理念，并对这些元素的组合运用方法以案例的形式进行了详尽演示和说明。全书共分为6章。第1章为中式服装裁剪制作与制板基础知识。第2章为旗袍的裁剪制作与制板，选用适合不同场所、不同年龄、不同材质的流行款式与裁剪方法。第3章为中式短衫的裁剪制作与制板，选用了包括汉服中的交领等多种领型及袖子造型的夏季中式服装，多以棉麻材质制作，制作方法简单，容易上手。第4章为中式袍服的裁剪制作与制板，其中选用包括汉服在内的袍服造型与裁剪制作等。第5章为中式马甲背心的裁剪制作与制板，选用多款采用不同材质、不同制作工艺的中式马甲背心服装造型与裁剪制作等 。第6章为中式罩衣的裁剪制作与制板，选用的男、女唐装既有无肩缝连身袖的制板，又有抹胸背心造型的搭配裁剪。为了简洁起见，本书正文以及参考图、表没有具体标注单位的数字，其所采用的单位均为厘米（cm）。本书的主要编写特点如下。

（1）书中服装板型结构与工艺方法是由服装企业的制板与生产工艺提炼而成的，还根据女装设计款式变化丰富的特点，重点讲解了女装基本型的制板原理，并利用基本型绘制出各种款式的裁剪样板、书中部分章节中的男装款式采用了比例法裁剪方式，既简单易学，又方便、快捷。

（2）精选大量时尚流行的中式服装款式与造型，不同质地、不同色调变化，并选用春夏秋冬四季不同的材质以适合不同年龄段的人群。

（3）尽可能提供精确的服装板型，按照由浅入深、循序渐进、图文并茂的形式讲解了中式服装裁剪要领，帮助大家自己动手制作和“塑造”心中完美的中式服装。

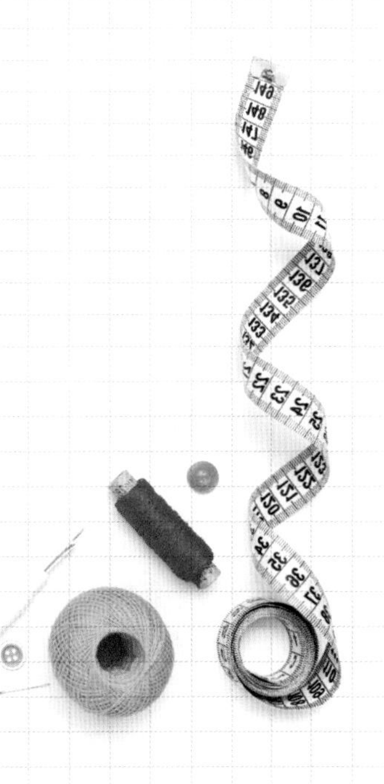

本书由王京菊、韩潇潇、胥恒（北京工业大学）著。在编写过程中，得到了众多专家的大力支持，在此深表感谢。由于时间和水平有限，本书尚有不足之处，恳请广大读者批评、指正。

著者

2022年6月

目 录

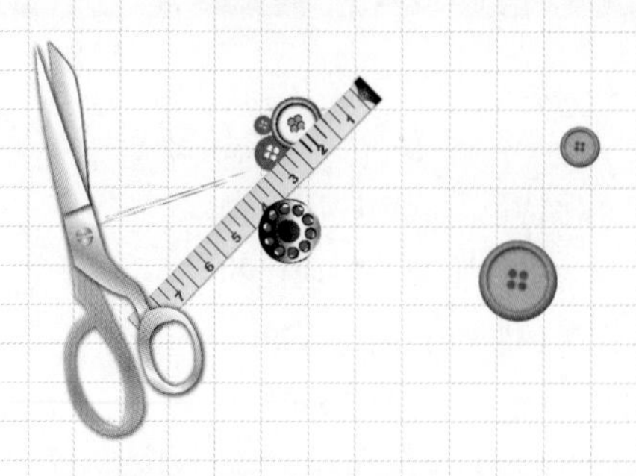

第1章 中式服装裁剪制作与制板基础知识 1

1.1 中式服装测体方法 / 1

1.2 中式服装制板符号及用途 / 2

1.3 中式服装制板基础 / 3

1.4 中式服装裁剪制作工具 / 4

1.5 中式传统服装裁剪制作方法 / 4

第2章 旗袍的裁剪制作与制板 8

实例2-1 中长袖镶边旗袍 / 8

实例2-2 团花镶嵌复古改良经典长款旗袍 / 10

实例2-3 夏季立体印花小短袖长款旗袍 / 12

实例2-4 立连领A字形长款旗袍 / 14

实例2-5 夏季时尚水墨风中长款旗袍 / 16

实例2-6 复古中袖条纹格子旗袍 / 18

实例2-7 偏襟拼色镶饰无袖旗袍 / 20

实例2-8 宽松A形日常棉布旗袍 / 22

实例2-9 重磅真丝双宫提花香云纱旗袍 / 24

实例2-10 春季中袖时尚灯芯绒旗袍 / 26

实例2-11 对称露肩式长款绣花旗袍 / 28

实例2-12 鱼尾式水滴盆领无袖旗袍 / 30

实例2-13 断身双襟式蕾丝短旗袍 / 32

实例2-14 左襟高领香云纱短旗袍 / 34

实例2-15 夏季时尚水墨风旗袍 / 36

实例2-16 斗篷式经典配色秋季旗袍 / 38

第3章 中式短衫的裁剪制作与制板 40

实例3-1 中式对襟马蹄袖真丝短衫 / 40

实例3-2　时尚圆摆中式唐装棉麻短衫　/ 42
实例3-3　棉麻复古中式斜襟立领短衫　/ 44
实例3-4　交领七分马蹄袖棉布印花短衫　/ 46
实例3-5　织锦缎立连领不对称式半袖衫　/ 48
实例3-6　苎麻印花立领短衫　/ 50
实例3-7　香云纱半袖斜襟立领镶边衬衫　/ 52
实例3-8　立连领不对称式半袖衫　/ 54
实例3-9　连袖圆领偏襟短衫　/ 56
实例3-10　亚麻几何图案镶嵌衣连领宽松套头式短衫　/ 58
实例3-11　中式复古斜襟印花衣连袖圆摆短衫　/ 60
实例3-12　中式复古田园斜襟立领短衫　/ 62
实例3-13　香云纱中式斜襟无领短衫　/ 64
实例3-14　苎麻印花不对称立领长袖短衫　/ 66

第4章　中式袍服的裁剪制作与制板　68

实例4-1　复古改良中式棉麻日常袍裙　/ 68
实例4-2　苎麻春季斜襟改良袍裙　/ 70
实例4-3　中式立领宽松中长款袍裙　/ 72
实例4-4　唐装中长款中式袍服　/ 74
实例4-5　中长款中式复古春夏袍裙　/ 76
实例4-6　棉麻中式盘扣对襟袍衫　/ 78
实例4-7　立领改良唐装复古夏季袍裙　/ 80
实例4-8　中式斜襟复古长衫式袍裙　/ 82
实例4-9　夏季短袖印花复古双襟袍裙　/ 84
实例4-10　短袖修身改良唐装旗袍裙　/ 86
实例4-11　春秋复古长款旗袍裙　/ 88
实例4-12　复古中国民族风绣花袍裙　/ 90
实例4-13　织锦缎毛边镶饰中长袍服　/ 92
实例4-14　中国风数码印花春秋袍服　/ 94
实例4-15　立翻领宽松复古袍服　/ 96
实例4-16　汉服曲裾　/ 98

第5章 中式马甲背心的裁剪制作与制板 100

实例5-1 罗缎提花复古风格棉夹马甲 / 100
实例5-2 中长款棉夹斜襟立翻领马甲 / 102
实例5-3 秋冬织锦缎中式改良马甲 / 104
实例5-4 纯棉秋冬中式马甲 / 106
实例5-5 夏季套头式中长款马甲背心 / 108
实例5-6 中式立领织锦缎马甲 / 110
实例5-7 夏季绉缎中式马甲背心 / 112
实例5-8 秋冬纯棉立翻领长款马甲 / 114
实例5-9 民族风印花高立领马甲 / 116
实例5-10 对襟棉麻秋冬长款马甲 / 118
实例5-11 男式春秋对襟单马甲 / 120
实例5-12 男式春夏香云纱拼色马甲 / 122
实例5-13 中式无领纯毛拼色男马甲 / 124
实例5-14 织锦缎镶边男马甲 / 126

第6章 中式罩衣的裁剪制作与制板 128

实例6-1 中式立连领对襟春秋罩衣 / 128
实例6-2 中式改良对襟罩衫 / 130
实例6-3 春秋喇叭袖对襟织锦缎罩衣 / 132
实例6-4 织锦缎立连领皮毛镶边罩衣 / 134
实例6-5 中式改良旗袍式罩衣 / 136
实例6-6 真丝改良民国风中式罩衣 / 138
实例6-7 中式民族风对襟棉麻罩衣 / 140
实例6-8 中式衣连袖夹角罩衣 / 142
实例6-9 春夏棉麻提花复古中式罩衫 / 144
实例6-10 唐装斜襟宽松中式罩衫 / 146
实例6-11 复古双层立领中式琵琶扣罩衣 / 148
实例6-12 中国风春秋棉麻罩衫 / 150
实例6-13 唐装长袖立连领罩衣 / 152
实例6-14 男式立领中式棉麻罩衣 / 154
实例6-15 男式高档香云纱中式连袖罩衣 / 156

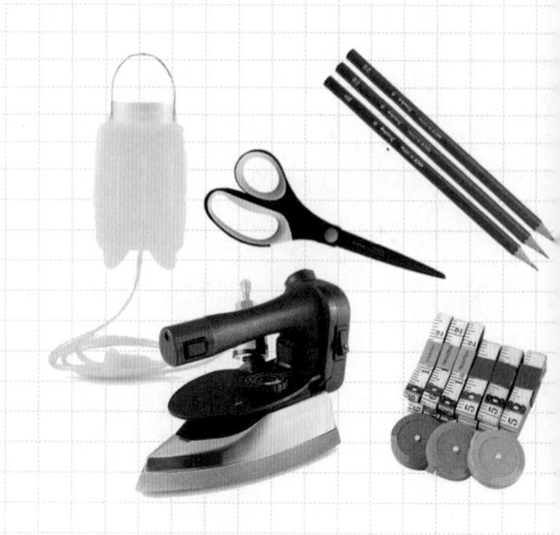

第1章 中式服装裁剪制作与制板基础知识

1.1 中式服装测体方法

根据本书中式制板的数据需求，选取了几个基本人体部位测量如下。

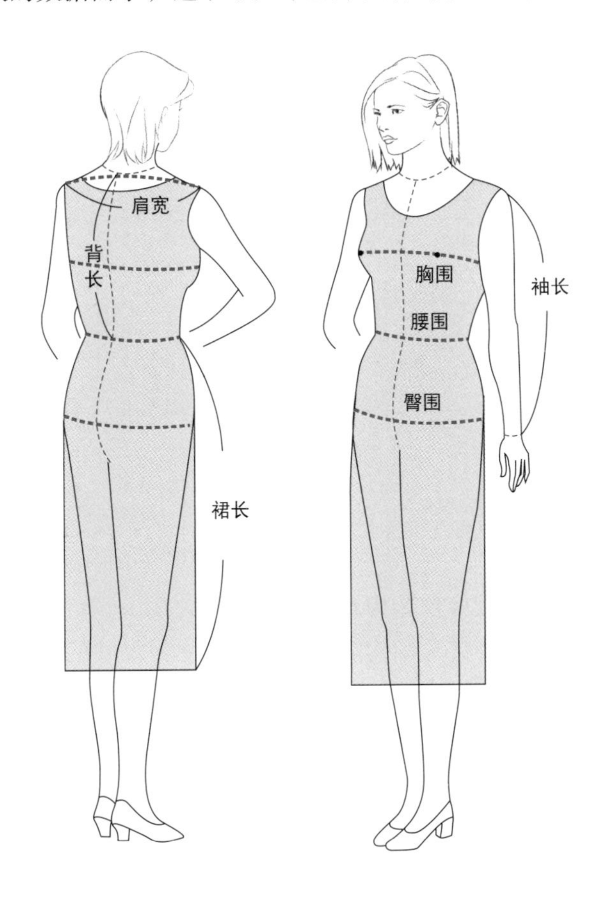

背长：由第七颈椎沿背部量至腰间最细处。

胸围：水平围量胸部丰满处一周。

腰围：水平围量腰部最细处一周。

臀围：水平围量臀部丰满处一周。

肩宽：沿人体背部由左肩端量至右肩端。

袖长：肩骨端沿臂部量至腕骨点。

袖口：围量腕骨一周，根据设计要求加放松度。

裙长：由腰间最细处沿侧缝量至所需长度。

1.2 中式服装制板符号及用途

制板绘制符号

轮廓线	辅助线	前领口
等分线	面料直纱向	后领口弧长
直角	反面贴边宽线	BP点
剪开	重叠号	等长线
省道合并	相等号	连折线

轮廓线：粗实线表示服装样片结构及零部件的轮廓线。

辅助线：细实线表示服装样片结构的基础线，尺寸与尺寸的界线。

前领口弧长：前领口弧线的实际长度（配置领子用）。

等分线：表示线段的部位等分成同等距离。

面料直纱向：裁片所示方向与面料经向平行。

后领口弧长：后领口弧线的实际长度（配置领子用）。

直角：显示直角在裁剪图中的标注。

反面贴边宽线：表示服装止口反面贴边宽度。

*BP*点：表示乳点的位置。

剪开：服装样板上需要剪开的部位，如省道转移；与省道合并号同时使用。

重叠号：表示服装样板裁片互相重叠的部分。

等长线：表示裁片中线条相等长的部位。

省道合并：服装样板中省道需要拼合后裁剪的部位。

相等号：表示不同的裁片中线条相等长的部位。

连折线：表示裁片左右为整片，中线不能裁剪开。

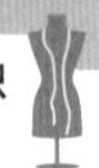

1.3　中式服装制板基础

中式传统旗袍采用的是十字型平裁方法，改良的中式服装结构可采用多种多样裁剪技法，如比例法、原型法及立体裁剪等。本书的女装采用基础原型法进行裁剪，男装采用比例法裁剪。

女装基础原型是以人体尺寸和外形为依据，以背长、净胸围为基数并加入一定的放松量，按一定的比例绘制成的一种人体体表的平面展开图。利用原型法绘制的服装结构、裁剪图变化丰富，应用灵活、简单，易于掌握。

下面是以背长38cm、胸围84㎝为例绘制的分步骤图示。

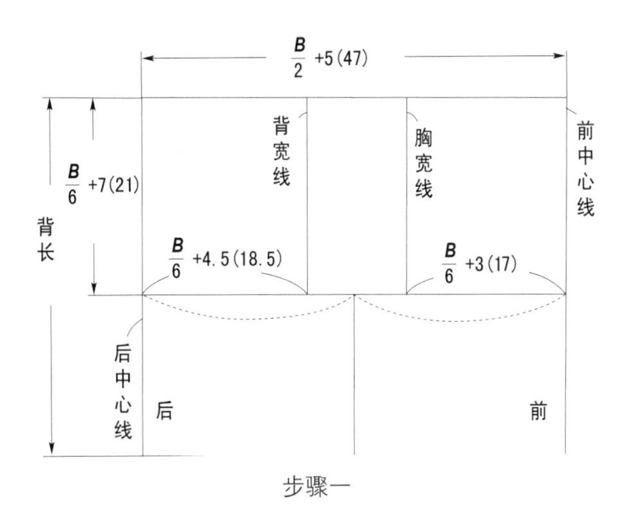

步骤一

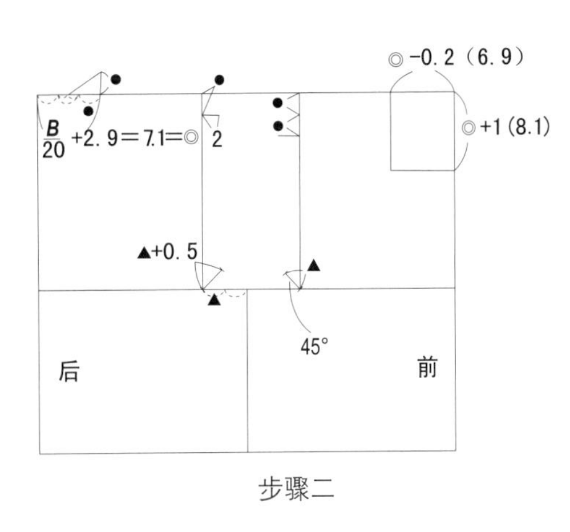

步骤二

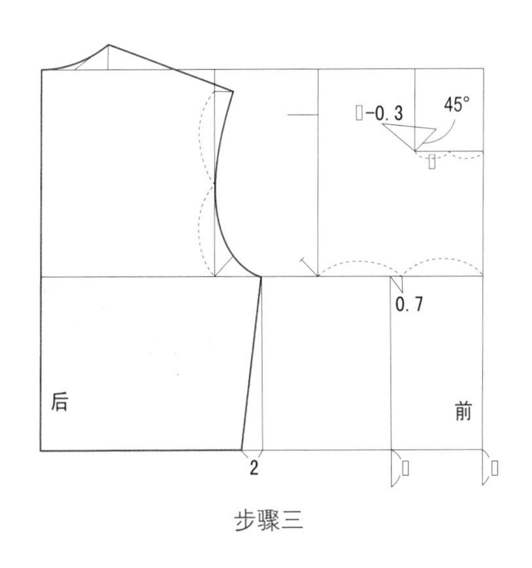

步骤三

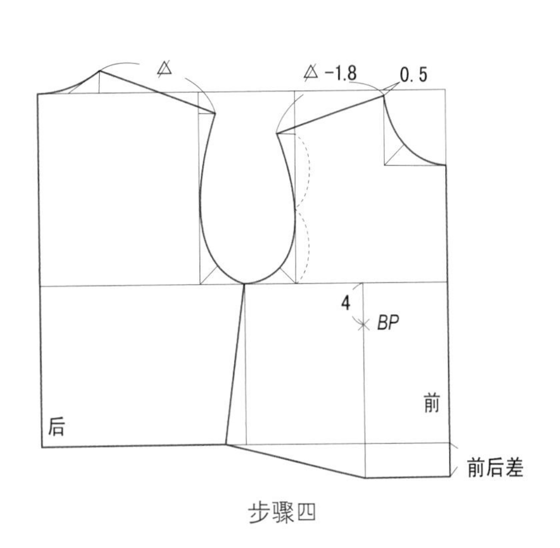

步骤四

提示：在服装制板中袖窿弧线长度通用*AH*表示；

前*AH*表示前袖窿的长度，后*AH*表示后袖窿的长度。

1.4 中式服装裁剪制作工具

① 蒸汽熨斗；② 剪刀；③ 服装专用大头针；④ 纱剪；⑤ 锥子；⑥ 钢尺；
⑦ 顶针；⑧ 画粉；⑨ 缝纫机；⑩ 手缝针；⑪ 拆线器；⑫ 软尺

1.5 中式传统服装裁剪制作方法

旗袍是最具代表性的中式服装之一，传统旗袍在制作工艺技术上做工精良、考究，采用多种手工刺绣、镶、嵌、绲边等工艺技法，具有很强的时代感。现代中式服装在继承传统服装特色的基础上紧跟时代潮流，在服装式样上更加简洁、大方，多选用现代印花材质进行裁剪；合体的线条结构与时尚流行相融合符合现代人们的需求。现以中国传统旗袍工艺制作方法为例说明如下。

（1）核对裁剪衣片及制作标记。在缝制前，首先要检查旗袍的裁片，依次核对面料、里料及辅料的质量和数量，并放整齐；然后，根据旗袍的材质特性及部位选用线钉、粉印、刀眼、针眼等不同的方法做出标记。前片需要标记的位置是省道位、腰节位、开衩位、绱拉链位、装领对位点、下摆贴边、盘扣位。后片需要标记的位置是：腰节位、绱拉链位、开衩位、省道位、下摆贴边。袖片需要标记的位置：袖山对位点及袖口贴边。

旗袍绲边

（2）制作省道。按缝制标记缉省，尽量与人体体型相吻合。一般材料的省缝制作可倒烫，在熨烫省道的同时将胸部胖势烫出，通过归拔技术将腰节部位拔开，使省缝不但平服而且不起吊；精良的面料在缝制省缝时采用中间分烫的方

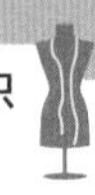

法，表面平服无折痕。注意熨烫时，要根据面料特性选择不同的温度，或干烫或湿烫。

（3）归拔衣片。由于传统旗袍结构线的特点，仅靠摆缝及收省难以达到合体的目的，制作时应通过归拔工艺加强造型。需要注意的是，不同材料其耐热度有所不同，熨烫时要选用适当的温度进行归拔。前衣片需要归拔胸部、腹部、摆缝及肩缝部位，后衣片需要归拔袖窿部位、背部、臀部、肩缝及摆缝，通过归拔工艺使衣片更加贴合人体体型特征。

（4）敷牵带。牵带选用薄型有纺直丝黏合衬，宽1.2cm左右。敷牵带的松紧要符合归拔后的造型要求，要求将牵带粘贴在净粉线上。首先将前片开襟上口部位敷牵带，由于开襟是斜丝绺所以容易抻拉变形，敷牵带时略带紧一些，然后在开襟摆缝处由袖窿开始沿摆缝将牵带粘接到拉链位以下1.2cm处。后片需要敷牵带的位置是由袖窿开始沿摆缝粘贴到开衩位置，在臀部附近处将牵带敷得略紧一些。

（5）绲边。根据造型工艺的要求不同，绲边的制作方法有多种多样。传统的手工工艺采用的是暗线绲边的方法。首先将衣片毛缝折光，开衩处剪一刀眼至净粉线0.1cm处，绲条与衣片正面相对缉线0.4～0.5cm，将绲条翻转、翻足，再将绲条包转、包足，然后将绲条反面与大身撬牢。注意不能撬到衣身的正面，最后将夹里盖过撬线与绲条撬牢。此工艺的特点是绲边饱满、完整，要求在衣身的正面不露出针迹。

（6）缝合肩缝并绱袖子。首先将前身后身衣片的正面相对并对齐肩缝，前片在上面进行缝合小肩缝，注意后肩缝要略有吃势以符合人体的要求，然后将肩缝进行劈烫。制作袖口的绲边方法与摆缝开衩方法相同，调整好袖山的吃势与袖窿相对进行缝合。

（7）做夹里。将夹里省缉好，缝合肩缝夹里，再装袖夹里，缝好后将省缝、小肩缝进行倒烫，要求熨烫平服。将前后夹里摆缝对齐，底边缝头折光，用手针将夹里下摆贴边撬牢，针距为0.3cm；或用机缝将下摆贴边缉牢，要求夹里下摆比衣片下摆短1cm。

（8）勾缝夹里。缝制时先将夹里敷在小襟的衣片上，要求与小襟正面相对并对齐里面的领口、肩缝，然后沿领口下端净粉线缉至小襟的下口处，倒烫缝边，将正面翻出烫平服。如果是单旗袍无夹里，需要在小襟的下口加缝贴边，贴边与衣片正面相对并进行缉缝，翻正后坐进0.1cm熨烫平服，然后将贴边反面用手针撬牢。敷大襟时将衣片与夹里反面相对摆放平服，夹里在上并对齐肩缝及开衩处刀眼，将夹里大襟处及左右摆缝开衩处缝头折光，盖过绲边缉线。采用手工撬缝工艺，要求针距0.3cm撬牢固。后片夹里的制作与前片夹里的勾缝方法相同。

（9）缝合摆缝、袖缝。先将前后衣片的正面相对，对准各部位后沿净缝缉线，然后分烫摆缝、袖缝的缝边。翻正衣片后，再将袖口夹里折光，盖过绲边缉线，撬牢。

（10）做领，装领。将净领衬烫在领面的反面，领面上口沿衬边沿包转。将绲条缉在领面上口，包转并撬牢，并做好装领对位标记。领面与领口正面相对，领面在上，从左襟开始起针沿领衬下沿缉线。绱好的领子需要检查领面绱好后的领圈是否圆顺、平服，领子左右是否对称，各对位点是否准确，若不圆顺应及时修正。最后是敷领里，将领里缝头折净，敷在领面反面撬牢。注意领里略紧于领面。

（11）制作、钉缝盘扣。裁剪2cm左右的斜条布，将两边毛口向里折然后再对折，选用手针进行撬缝牢固。如果选用的是较薄材料，可以将斜料裁剪宽一些，多折几层再进行撬缝；也可在斜条中加上几根纱线，这样制作的盘扣条显得比较饱满。为了便于盘花造型保形，撬纽袢时需经常加入细铜丝。盘花是将盘扣条盘结成所需的各种形状并用线钉好，盘缝花扣需要注意条、花的比例协调，大小、规格可根据款式和花形确定。钉盘扣位置：第一副钉缝在领头下口处；第二副钉缝在大襟转弯处；第三副钉缝在大襟下端处。

钉扣方法：小襟钉扣环，大襟钉扣结，要求用细密针缝牢，扣袢条两端要折净藏在盘花下面。如果是选择装隐形拉链，可不钉第三副。

（12）钉领钩，打套结。领钩钉缝在大襟一侧领的圆角处，领袢钉缝在小襟一侧领的圆角处，要求均与领止口平齐，左右高低一致，钉缝牢固。为了增加牢固程度可在圆角处钉上按扣，要求不要露出针脚。衣身两侧的摆缝开衩处采用套结针法，用手针将衩口封牢固。

（13）整烫。旗袍制作完成后，先修剪线头及检查，再清洗污渍，通过整烫使服装平服并符合人体体型特征。整烫顺序：先烫里，后烫面；先烫附件，后烫主件；由上至下进行各部位的熨烫。熨烫时，应根据面料耐热性选择温度、湿烫或干烫、时间、压力，尽量避免直接熨烫。特别是对于丝绒的面料，要用蒸汽喷烫，避免出现倒毛而产生极光。

一字手工盘扣（蒜盘扣）制作步骤如下。

（1）勾扣袢：先将3cm斜条布正面相对进行勾缝，缉缝宽度为0.5cm。

（2）翻扣袢：用钩子将扣袢翻正。

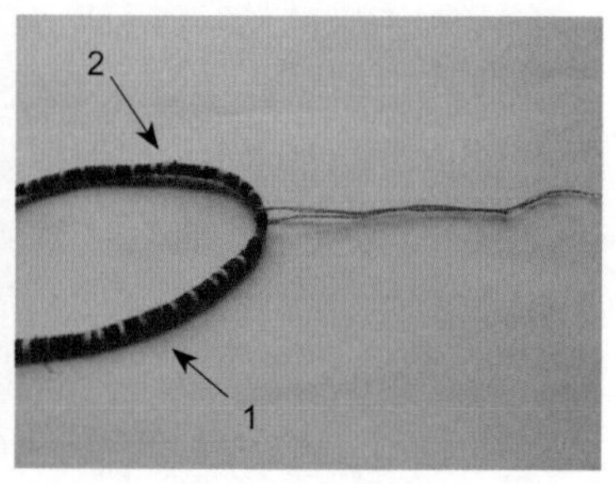

（3）盘扣一：用缝纫线穿过扣袢绳的中心点，分出左右边。

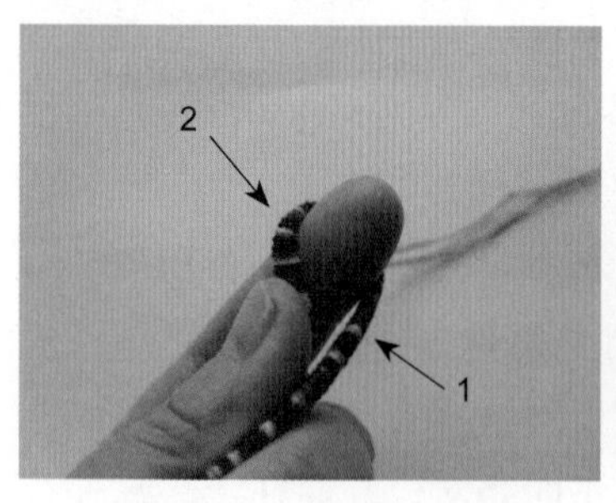

（4）盘扣二：先用左手攥住扣袢绳2的绳边，再将扣袢绳1绕在左手的食指上。

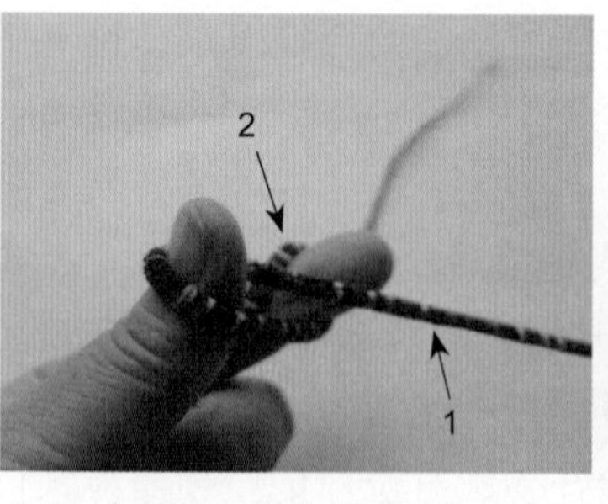

（5）盘扣三：将扣袢绳1绕在左手的拇指上。

（6）盘扣四：右手捏住相搭的袢绳并将其脱离左手的拇指，形成一个圈。

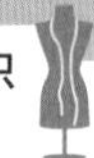

(7) 盘扣五：用锥子将扣袢绳2的绳边通过绳圈并挑出。

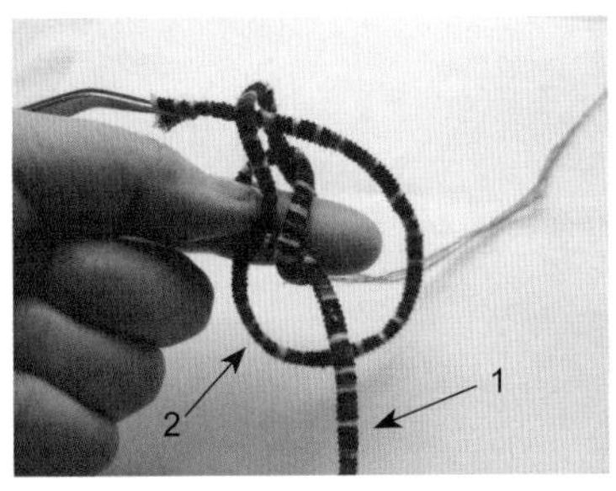

(8) 盘扣六：将扣袢绳2的绳边绕过扣袢绳1并穿入挑出的绳圈。

(9) 盘扣七：将套在左手食指上的扣袢绳边稍稍抽紧，形成套八字状，中心为菱形。

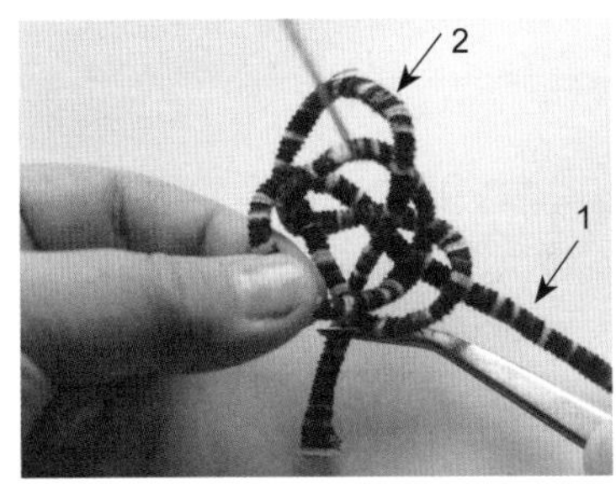

(10) 盘扣八：先将绕好的扣袢脱离食指，再将缝纫线向上拉，左手捏住绳边；将扣袢绳2的绳边向后绕过中心点线绳，并穿入菱形圈。

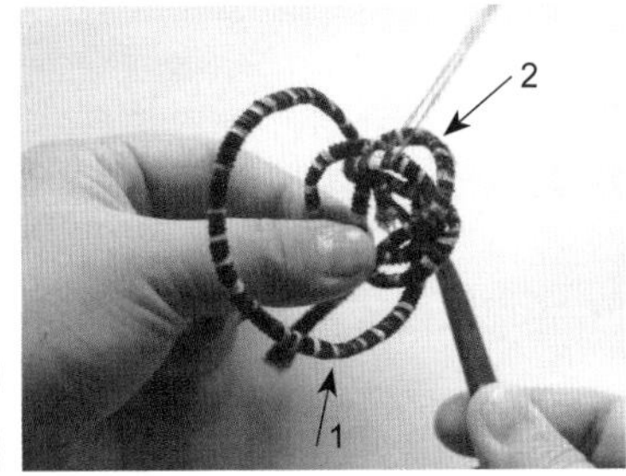

(11) 盘扣九：同样方法将扣袢绳1的绳边向前绕过中心点线绳并穿入菱形圈。

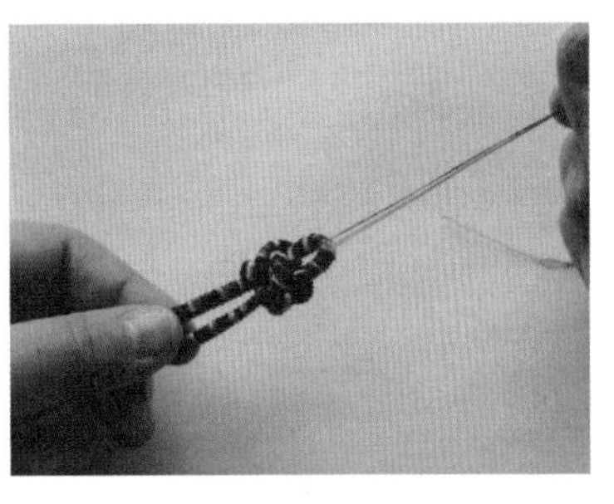

(12) 盘扣十：最后用缝纫线拉紧中心点，然后调整扣袢的松紧度。

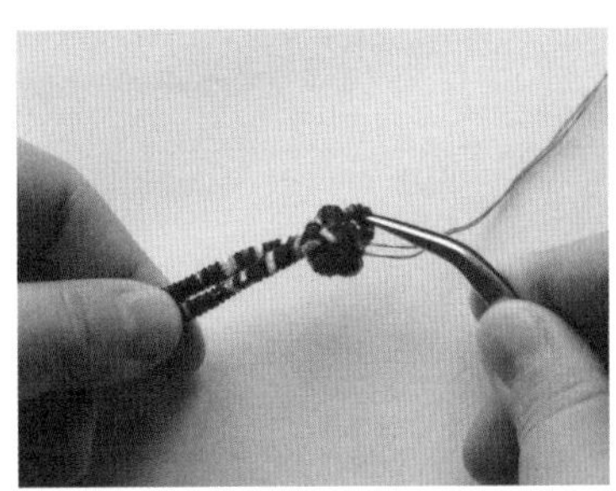

(13) 盘扣十一：注意不要将扣袢的中心点挑得过长。

(14) 扦缝一字扣袢：先确定扣袢的长度，然后用缝纫线将左右边扦缝固定。

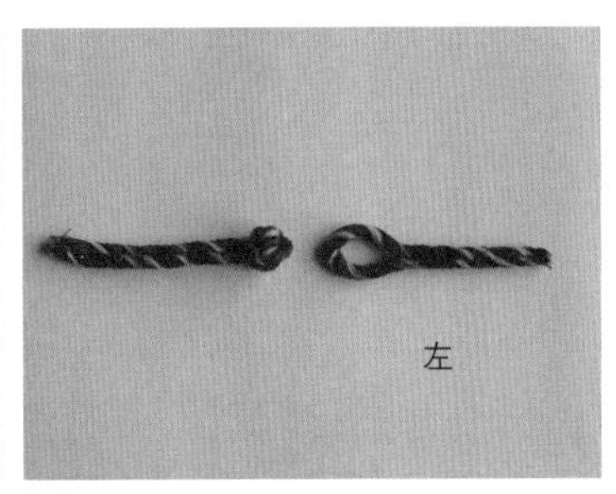

(15) 扦缝完成的一对扣袢。

第2章
旗袍的裁剪制作与制板

实例 2-1 中长袖镶边旗袍

裁剪制作说明：

此款旗袍属改良造型，采用经典立领及大襟，以手工盘制花扣，复古典雅，具有中国风的韵味；领子、大襟、袖口及开衩处采用传统的镶边工艺，突出中国传统工艺；可采用真丝材质的面料，透气性与舒适性俱佳，花色可选择淡雅的色泽，呈现出高贵的气质，适合宴会、日常穿着。

效果图

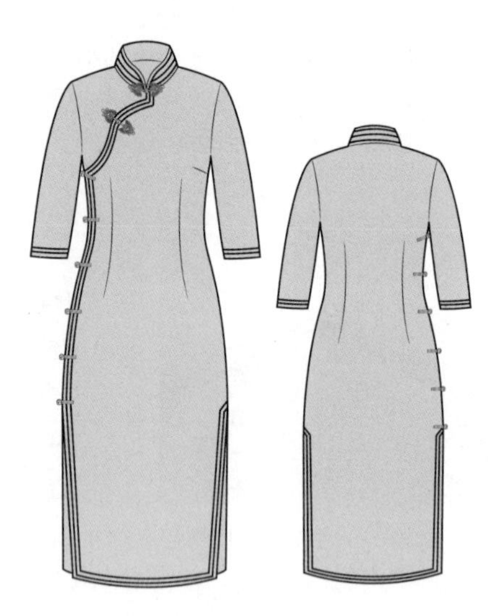

款式图

规格确定

单位：cm

衣长	115
肩宽	38
胸围	94
袖长	45
腰围	74
臀围	93

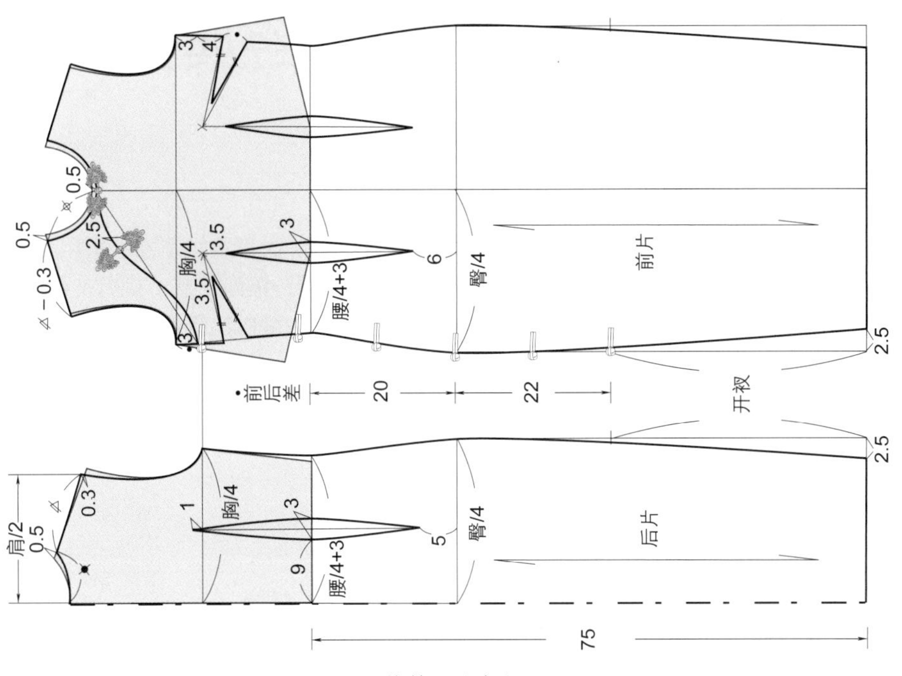

裁剪图（身）

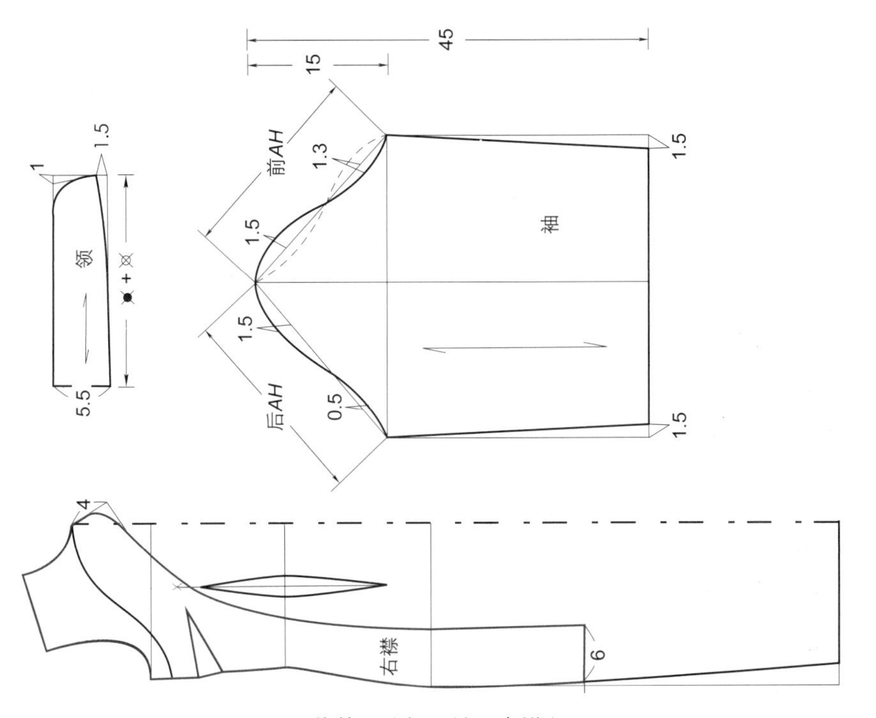

裁剪图（领、袖、右襟）

裁剪片数

前大襟片（整）	1片	领片（整）	2片	花盘扣	2对	后片（整）	1片
前右襟片	1片	袖片	2片	一字扣	5对	绲边	3条

实例 2-2 团花镶嵌复古改良经典长款旗袍

裁剪制作说明：

此款旗袍造型为无袖长款，面料可采用贡缎或重磅丝绸。大襟及领子部位采用与胸前团花绣片同色的一字手工盘扣，韵味十足；胸前的绣片采用斜丝绲边镶嵌工艺；旗袍衣身为右开襟；后衣身分为两片采用拉链缝制，裁剪时注意领子与后衣身的中缝留出缝份；两侧的开衩在制作时应注意面料与里料的平服一致。

效果图

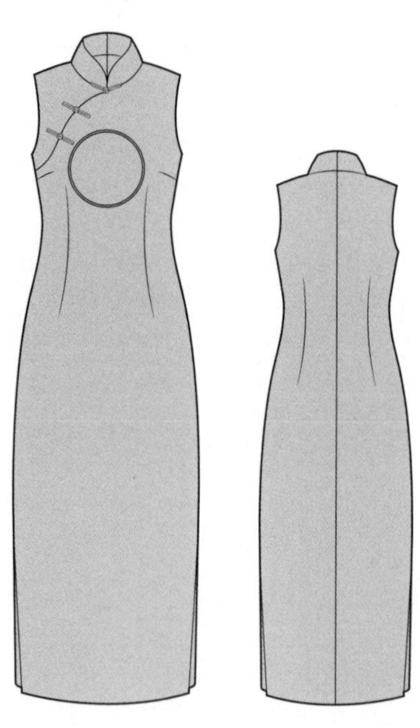

款式图

规格确定

单位：cm

衣长	135
肩宽	34
胸围	91
腰围	74
臀围	98

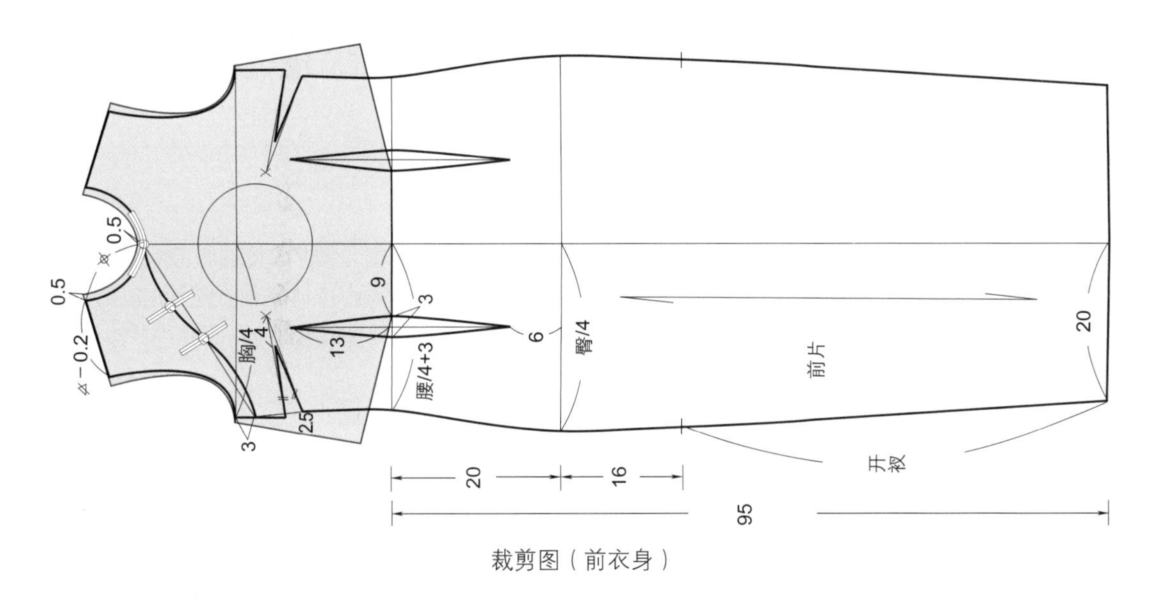

裁剪图（前衣身）

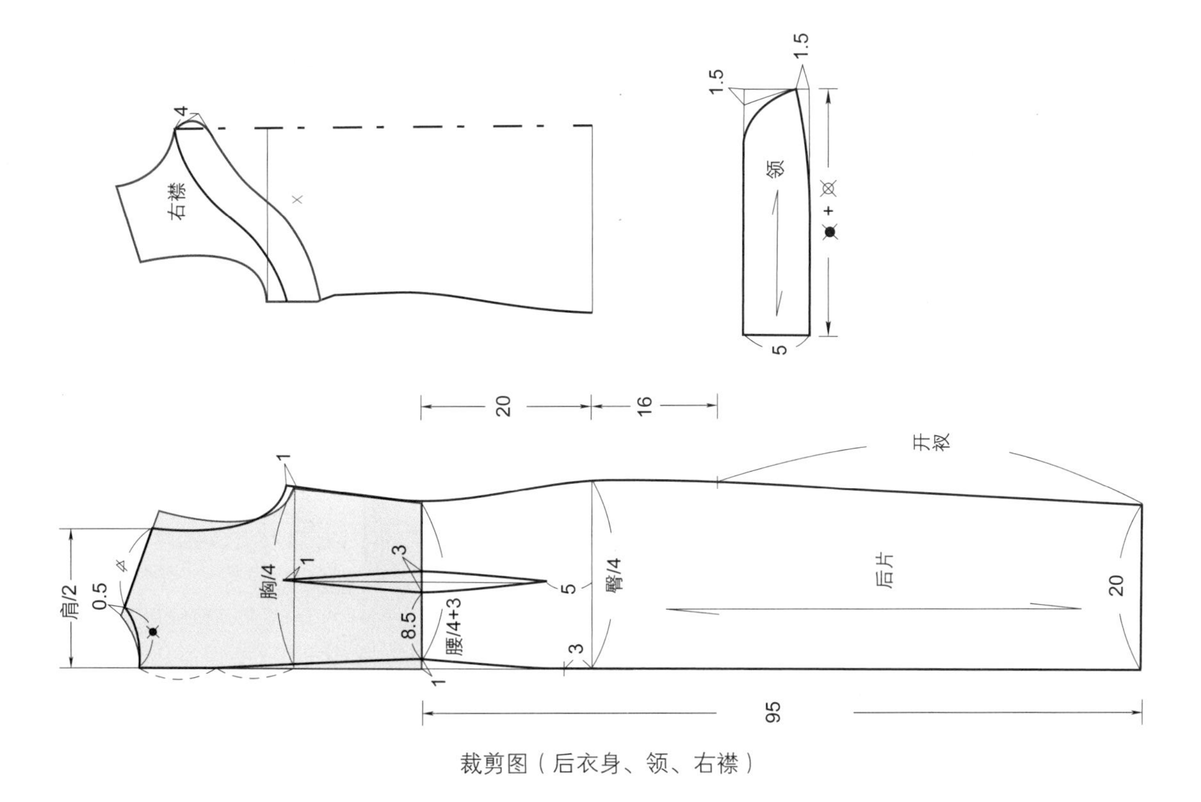

裁剪图（后衣身、领、右襟）

裁剪片数

前大襟片（整）	1片	领面片	2片	后袖贴边片	2片	后身片	2片	一字扣	3对
前右襟片	1片	领里片	2片	前袖贴边片	2片	绣片	1片	绲边	1条

实例 2-3 夏季立体印花小短袖长款旗袍

裁剪制作说明：

此款旗袍造型为裹肩袖长款，面料可采用丝绸制品。前身大襟、领子、侧开衩及袖口部位采用绲边镶嵌工艺制作；旗袍衣身为右开襟；后衣身分为两片，采用拉链缝制。裁剪时，注意领子与后衣身的中缝留出缝份；整个衣身的绲边及扣袢采用与衣身图案相协调的面料制作，制作时应注意面料与里料的平服一致。

效果图

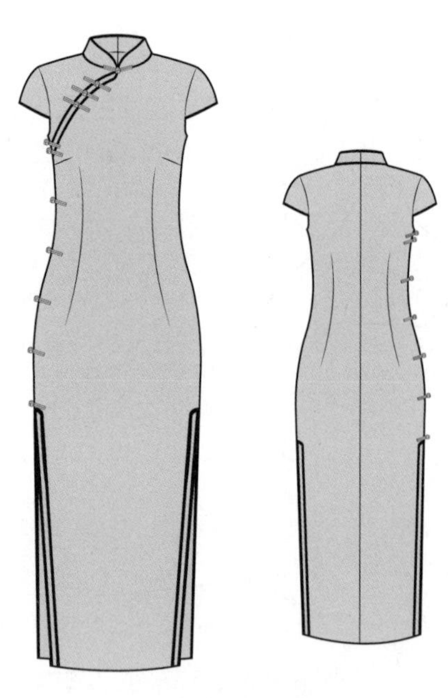

款式图

规格确定

单位：cm

衣长	130
肩宽	37
胸围	95
袖长	10
腰围	73
臀围	96

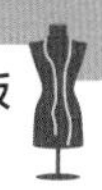

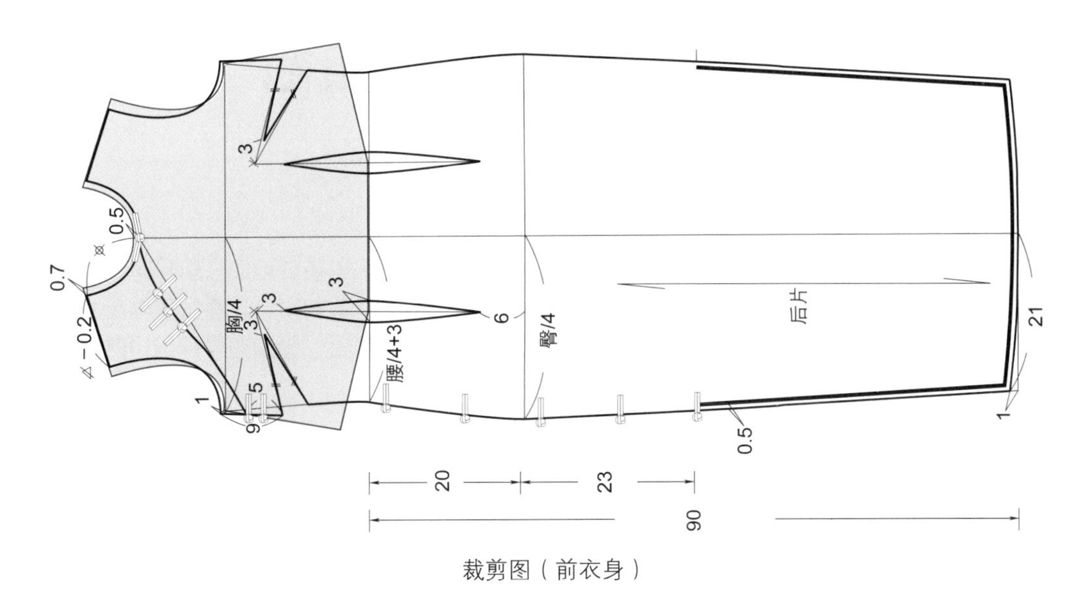

裁剪图（前衣身）

裁剪图（后衣身、领、袖）

裁剪片数

前大襟片（整）	1片	领面片	2片	后身片	2片	一字扣	11对
前右襟片	1片	领里片	2片	镶边条	5条	绲边	9条

实例 2-4 立连领 A 字形长款旗袍

裁剪制作说明：

此款旗袍造型为立连领、无袖A形长款。面料可采用织锦缎或重磅丝绸，里料可选用雪纺或醋酸绸；前衣身为整片裁剪，后衣身分为两片采用拉链缝制。裁剪时，注意领子与后衣身的中缝留出缝份；后衣身的领省道是在合并肩省的基础上打开完成的；领口边与袖窿边的制作可选择绲边、镶边等传统工艺手法制作。

效果图

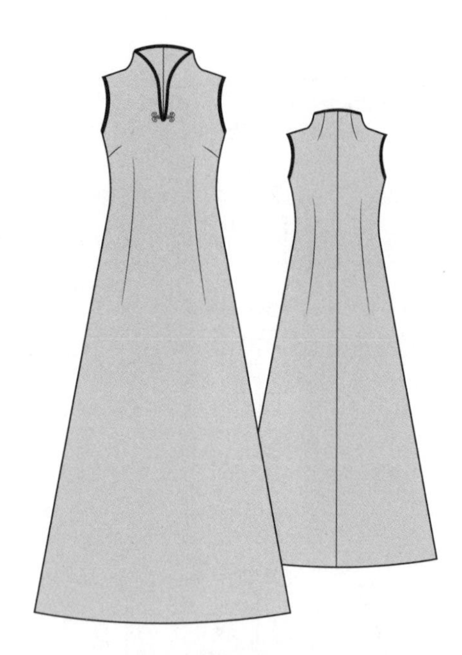

款式图

规格确定

单位：cm

衣长	140
肩宽	34
胸围	92
腰围	72
臀围	96

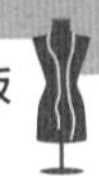

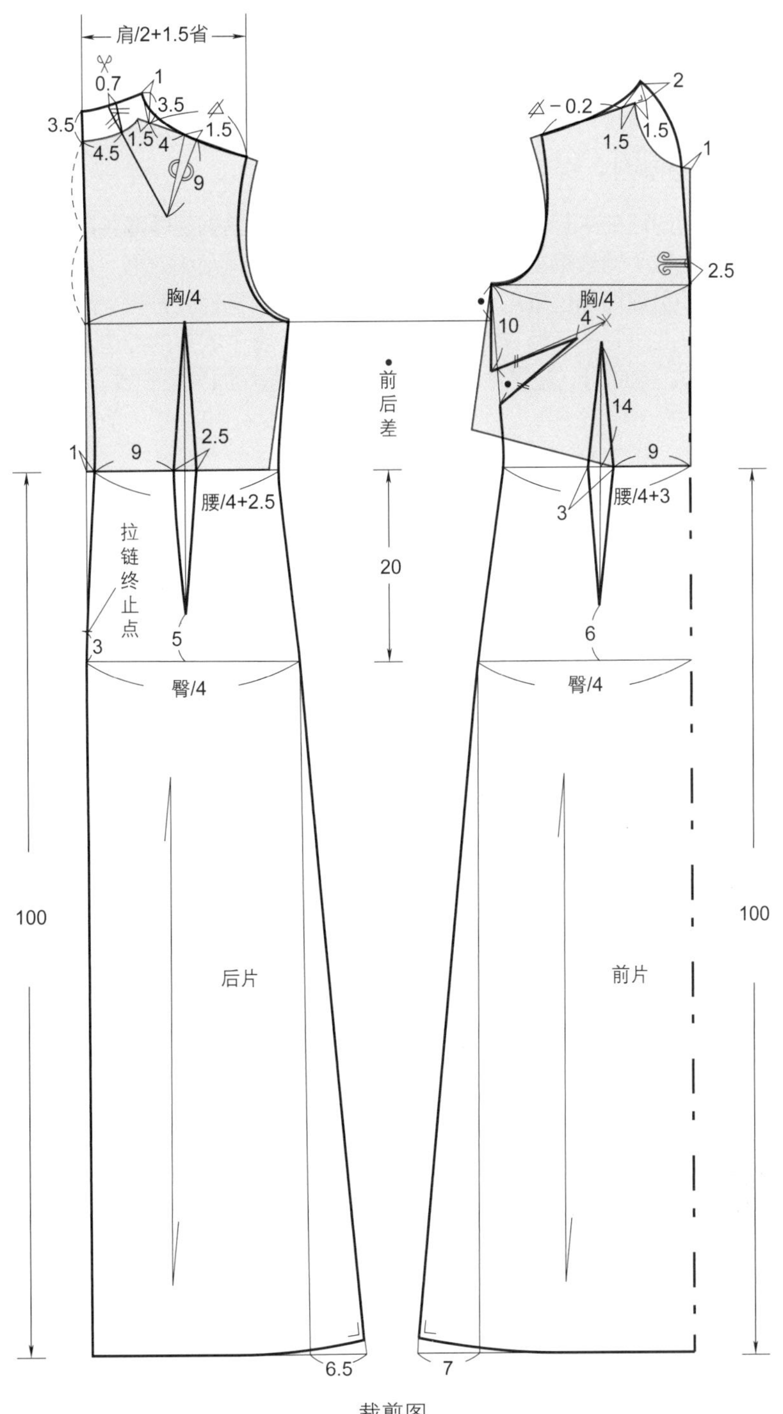

裁剪图

裁剪片数

前片（整）	1片	前领贴边片（整）	1片	后袖贴边片	2片	花扣	1对
后身片	2片	后领贴边片	2片	前袖贴边片	2片	绲边	3条

实例 2-5 夏季时尚水墨风中长款旗袍

裁剪制作说明：

此款旗袍造型为肩连袖中长款，面料可采用真丝雪纺、桑蚕丝等薄纱制品。采用经典的立领裁剪，运用了对女性手臂修饰很好的包肩衣袖设计，下摆采用小A形；扣袢采用手工盘制花扣，前身大襟、领子及袖口部位采用绲边工艺制作；旗袍衣身为右开襟；后衣身分为两片采用拉链缝制。裁剪时，注意领子与后衣身的中缝留出缝份；整个衣身的绲边及扣袢采用与衣身图案相协调的面料制作。制作时，应注意肩袖等部位面料与里料的平服一致。

效果图

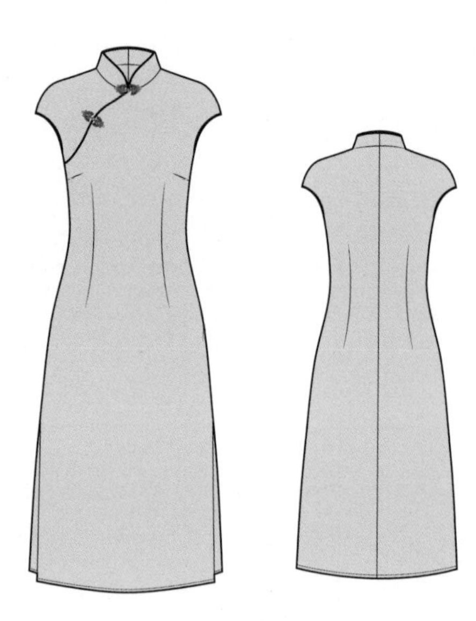

款式图

规格确定

单位：cm

衣长	116
肩宽	38
胸围	93
袖长	5
腰围	76
臀围	98

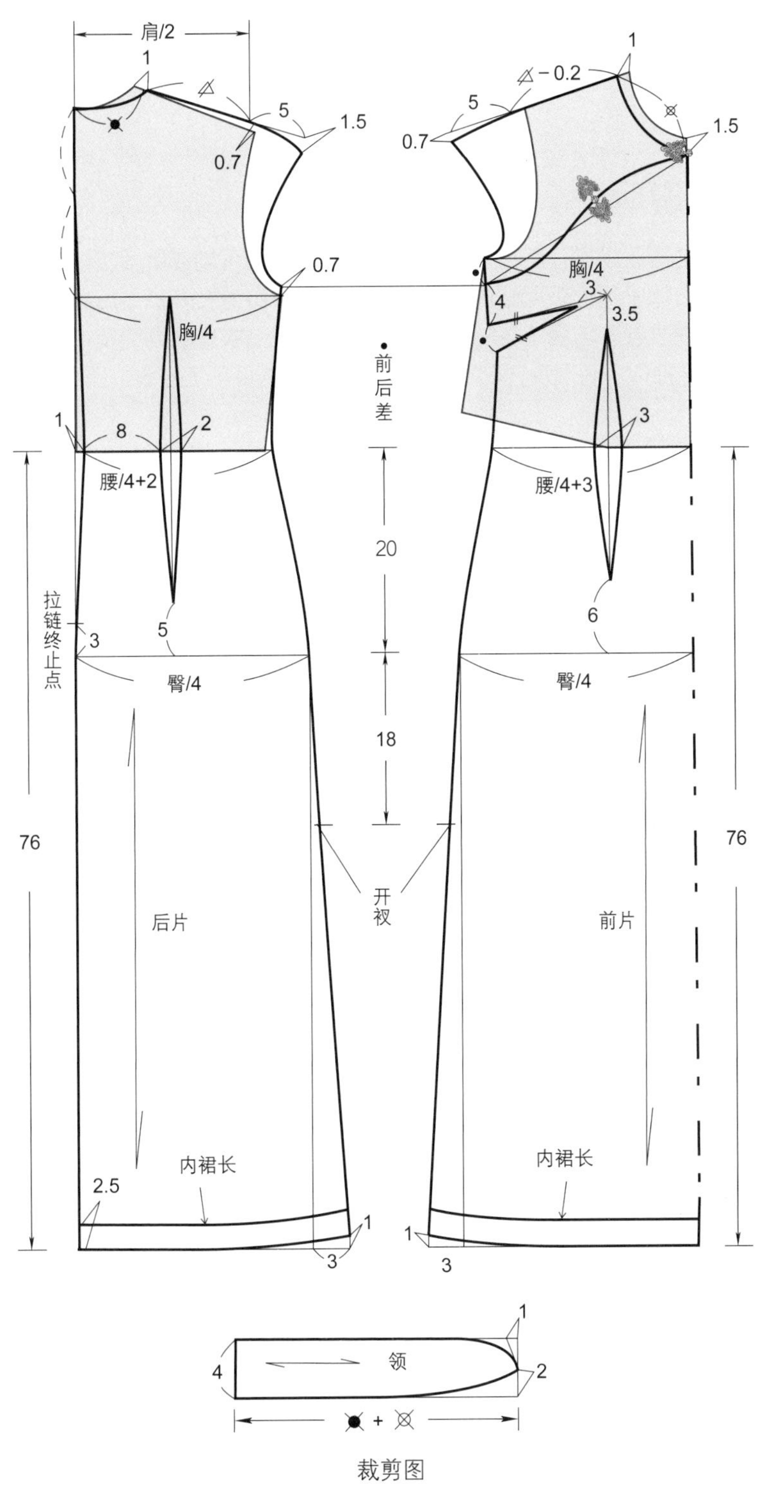

裁剪图

裁剪片数

前大襟片（整）	1片	领面片	2片	后身片	2片	花扣	2对
前右襟片	1片	领里片	2片	绲边	4条		

实例 2-6 复古中袖条纹格子旗袍

裁剪制作说明：

此款造型为中袖短款旗袍。面料采用纯棉的条纹格子，可制成单层旗袍；扣袢采用手工盘制花扣，前身大襟、领子部位采用绲边工艺制作；旗袍衣身为右开襟；后衣身分为两片采用拉链缝制。裁剪时，注意领子与后衣身的中缝留出缝份；整个衣身的绲边及扣袢采用与衣身色调相协调的面料制作；袖口、底摆及开衩部位可根据喜好，选择手工扦缝或缉缝。

效果图

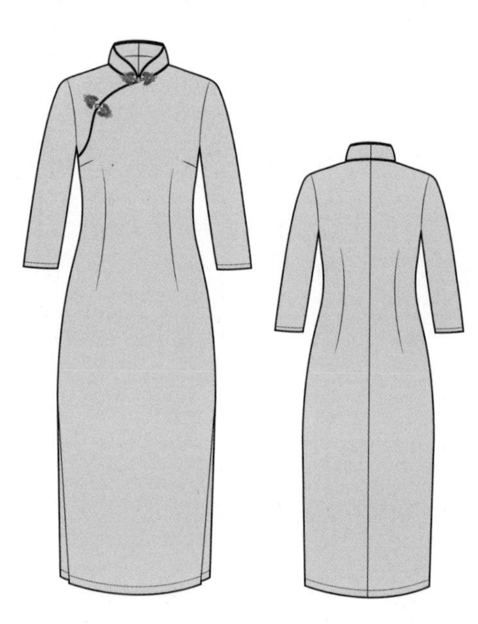

款式图

规格确定

单位：cm

衣长	110
肩宽	38
胸围	94
袖长	43
袖口	28
腰围	72
臀围	96

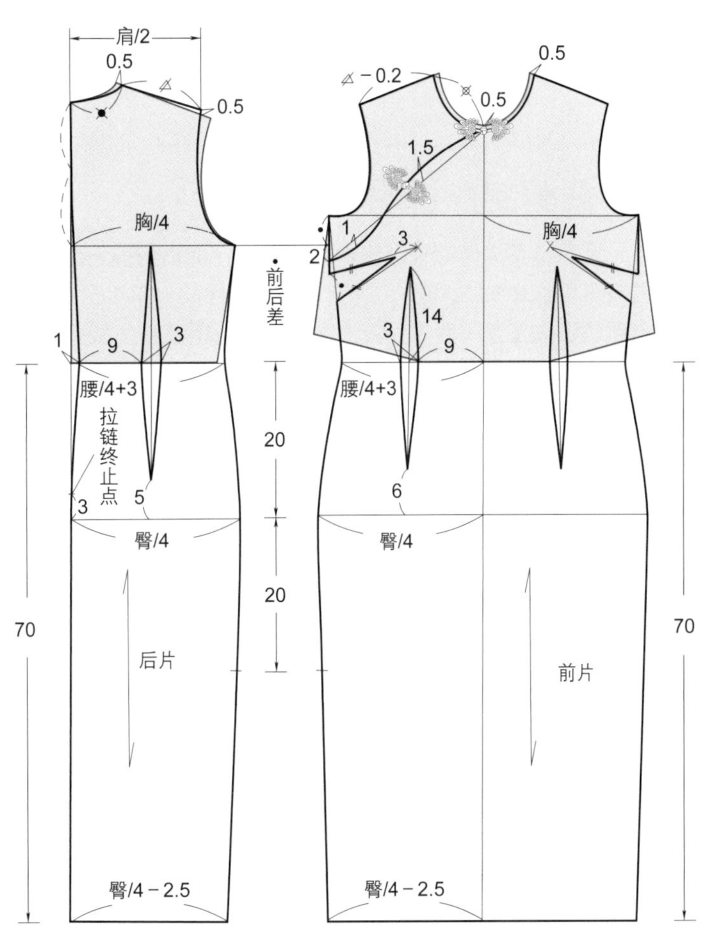

裁剪图（前身，后身）

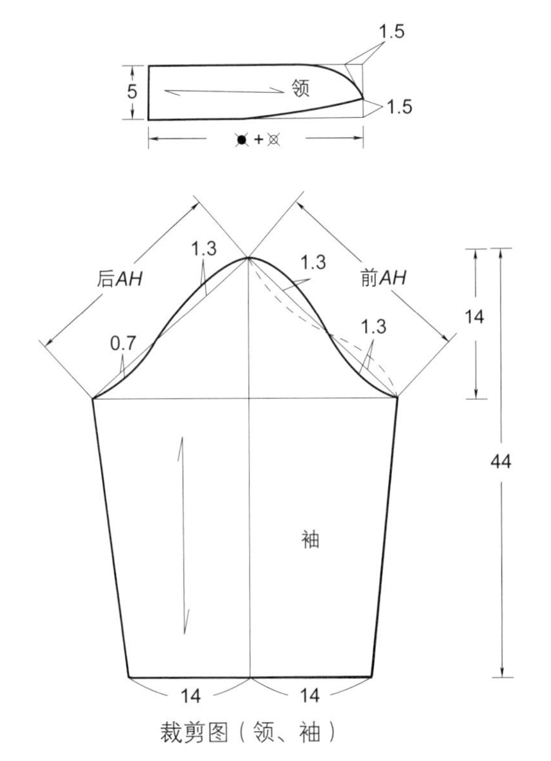

裁剪图（领、袖）

裁剪片数

前大襟片（整）	1片
前右襟片	1片
领面片	2片
领里片	2片
后身片	2片
袖子片	2片
盘花扣	2对
绲边	3条

实例 2-7 偏襟拼色镶饰无袖旗袍

裁剪制作说明：

此款造型为无袖长款旗袍，选用双色的贡缎面料缝制，需裁制里布。大襟为左侧偏襟设计，并在分割线中加入开衩；领子、团花绣片及一字手工盘扣中国传统韵味十足；团花绣片采用斜丝绲边镶嵌工艺；后衣身分为两片采用拉链缝制。裁剪时，注意领子与后衣身的中缝留出缝份；缝制中注意各条缝边的流畅与平服。

效果图

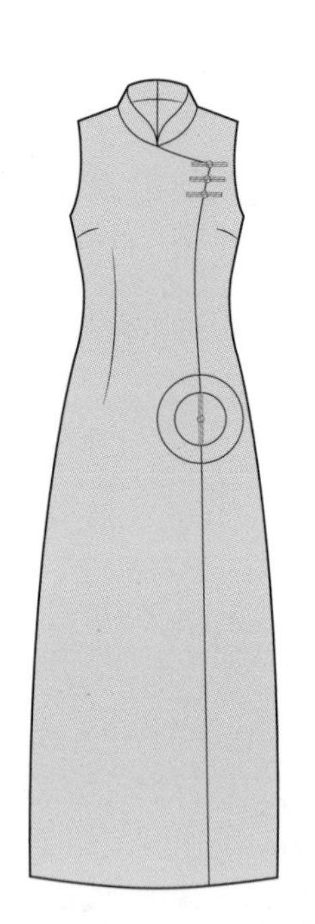

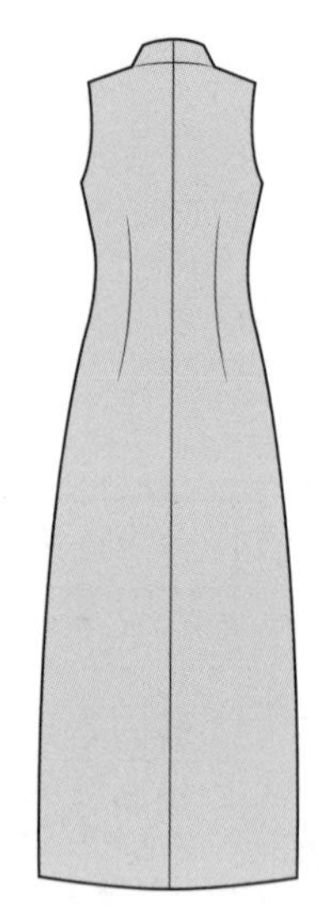

款式图

规格确定

单位：cm

衣长	135
肩宽	36
胸围	94
腰围	72
臀围	98

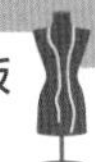

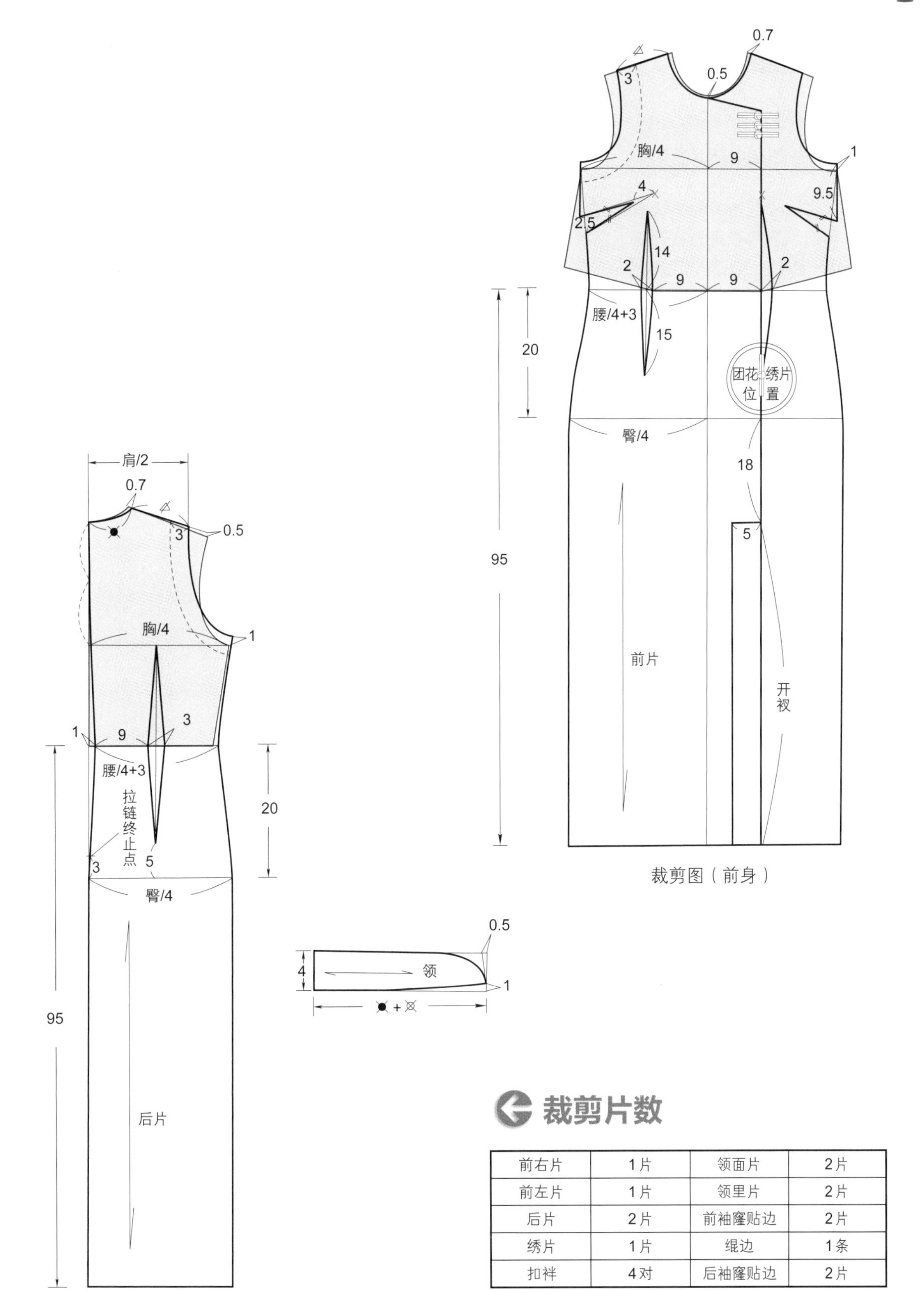

裁剪图（前身）

裁剪图（后身、领）

裁剪片数

前右片	1片	领面片	2片
前左片	1片	领里片	2片
后片	2片	前袖窿贴边	2片
绣片	1片	绲边	1条
扣袢	4对	后袖窿贴边	2片

实例 2-8 宽松 A 形日常棉布旗袍

裁剪制作说明：

此款造型为中袖中长款旗袍。面料采用素色纯棉面料，可制成单旗袍；扣袢采用手工盘制一字扣，旗袍衣身为右开襟；后衣身分为两片采用拉链缝制。裁剪时，注意领子与后衣身的中缝留出缝份；袖口、底摆及开衩部位缉缝制作。

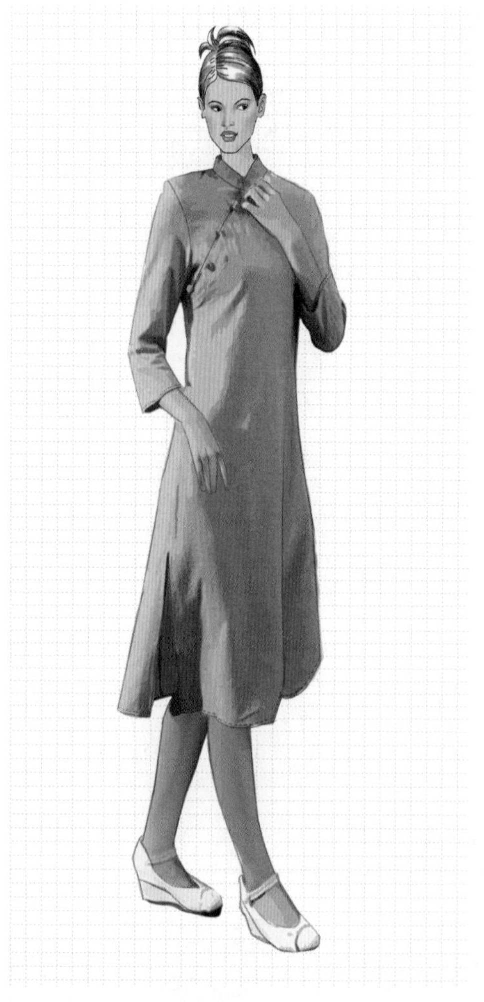

效果图

款式图

规格确定

单位：cm

衣长	115
肩宽	38
胸围	94
袖长	46
袖口	28
腰围	78
臀围	100

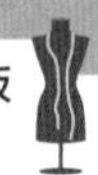

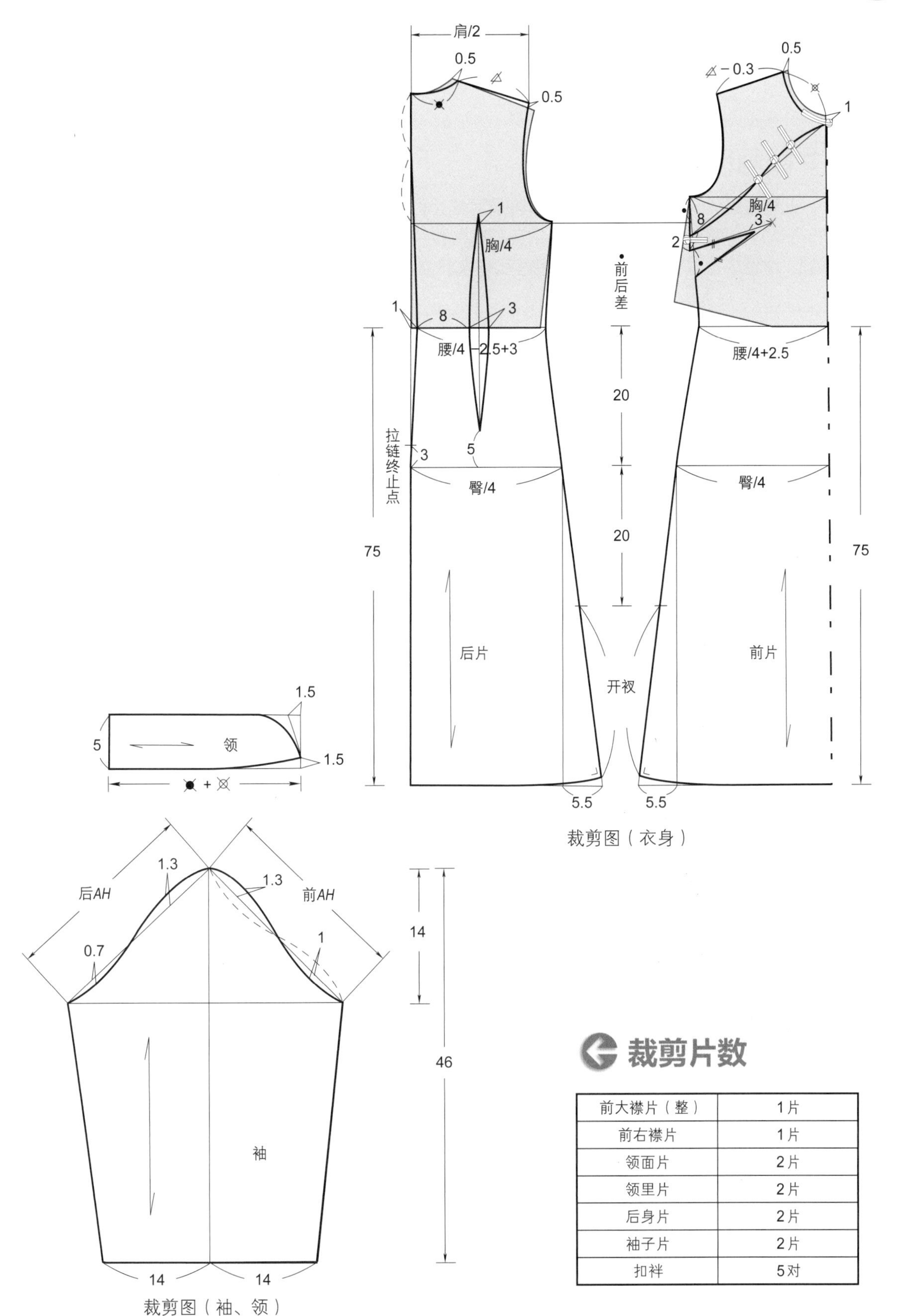

裁剪图（衣身）

裁剪图（袖、领）

裁剪片数

前大襟片（整）	1片
前右襟片	1片
领面片	2片
领里片	2片
后身片	2片
袖子片	2片
扣袢	5对

实例 2-9 重磅真丝双宫提花香云纱旗袍

裁剪制作说明：

此款造型为无袖中长款旗袍。面料采用真丝香云纱面料，可制成单旗袍；扣袢采用手工盘制一字扣，旗袍衣身为右开襟；后衣身左右为整片；下摆造型在传统旗袍造型的基础上改良为扩型，穿着场合更加广泛；袖口、底摆及开衩部位手工缝制完成。

效果图

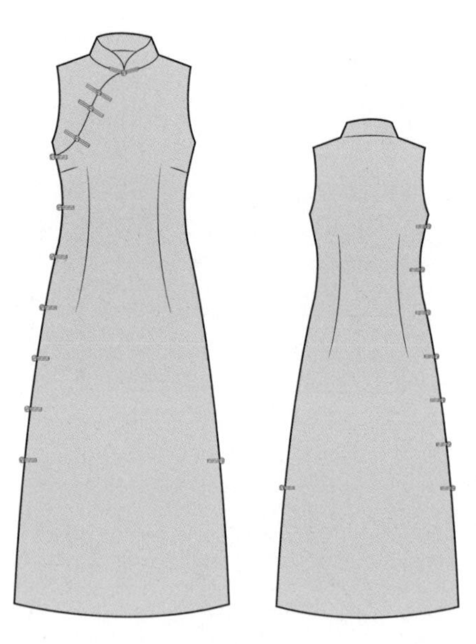
款式图

规格确定

单位：cm

衣长	118
肩宽	38
胸围	92
腰围	77
臀围	98

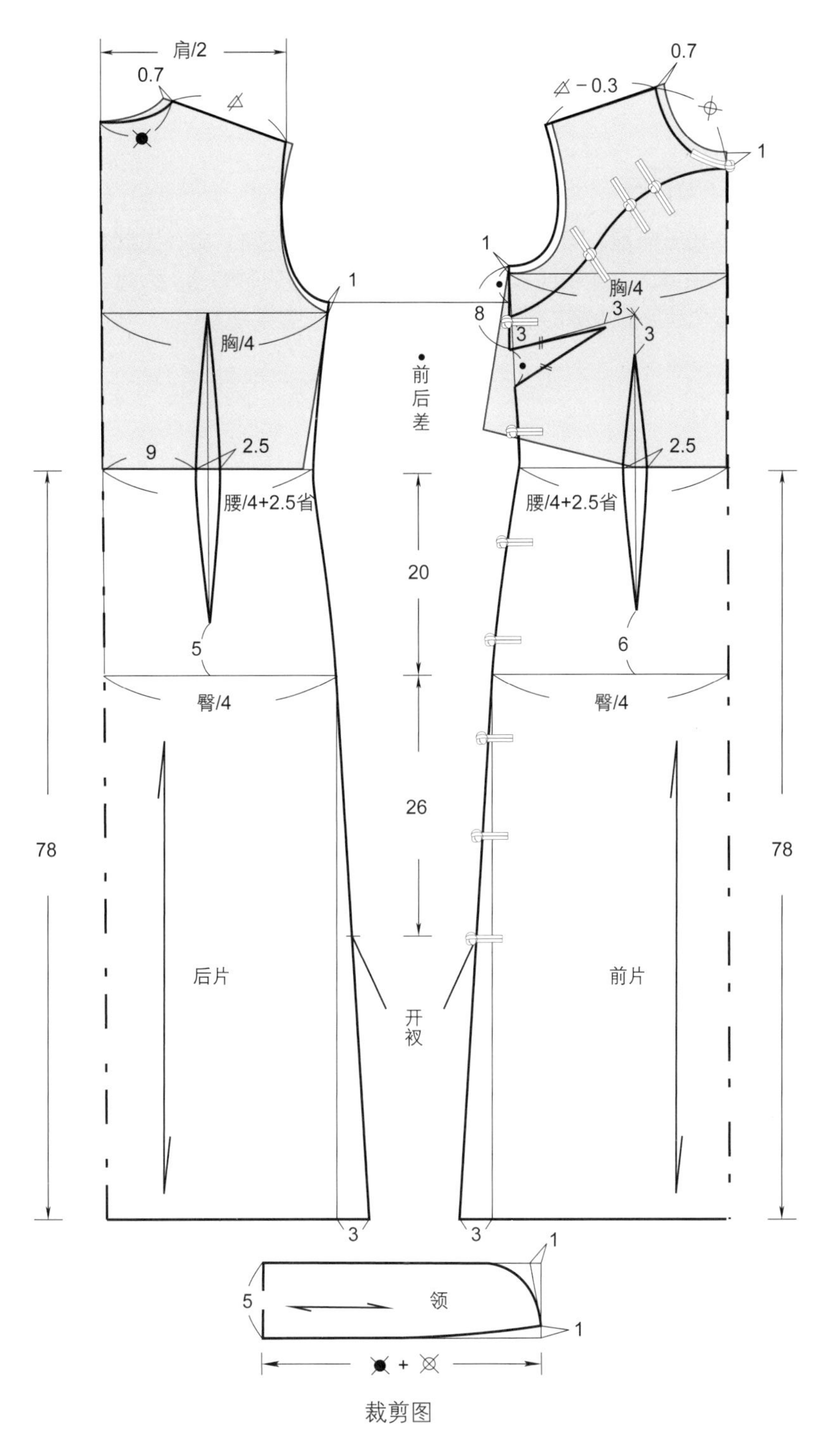

裁剪图

裁剪片数

前大襟片（整）	1片	领面片（整）	1片	领里片（整）	1片
前右襟片	1片	后片（整）	1片	一字扣	12对

实例 2-10 春季中袖时尚灯芯绒旗袍

裁剪制作说明：

此款造型为中短款旗袍。面料采用棉质为主的灯芯绒面料，单、夹缝制均可；旗袍衣身为右开襟，后衣身有中缝；立连领连襟造型的设计具有极强的时尚感；大襟、袖缝、开衩的扣袢采用手工盘扣。整个造型的边缘均采用传统镶边及绲边工艺手法制作。

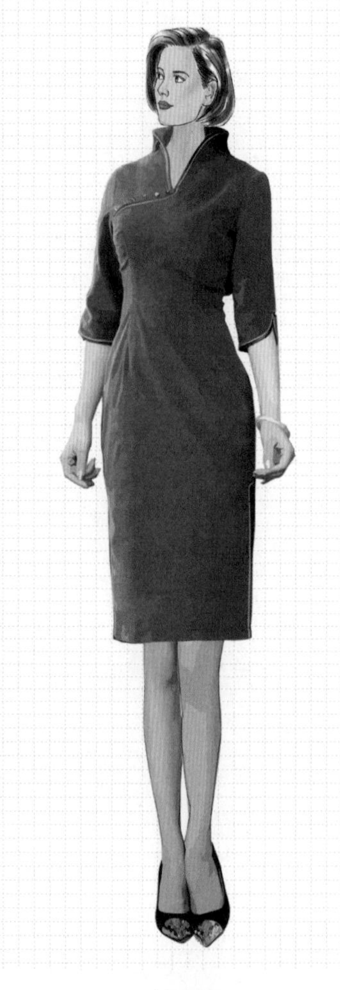
效果图

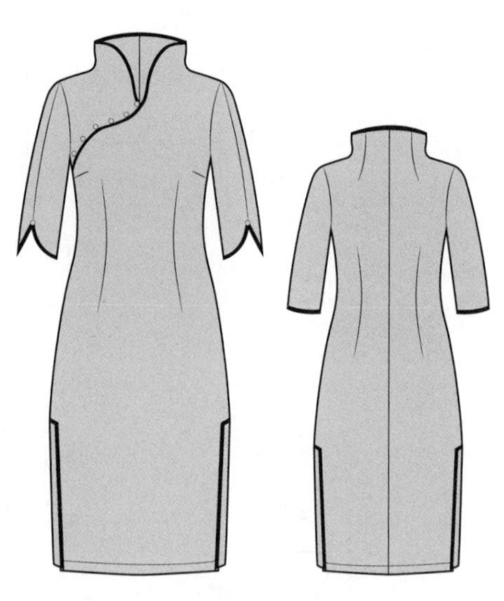
款式图

规格确定

单位：cm

衣长	108
肩宽	38
胸围	92
腰围	72
臀围	94
袖长	38

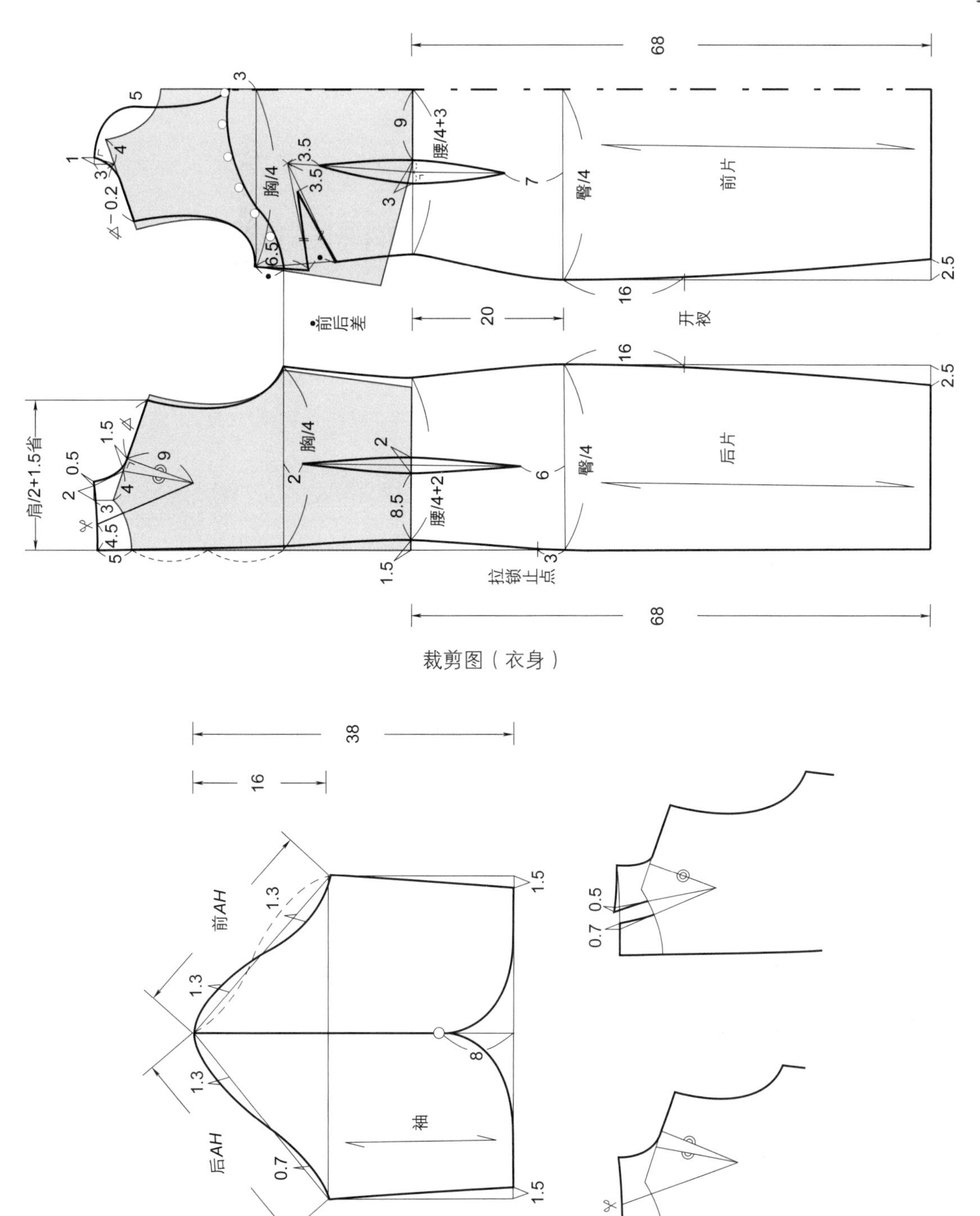

裁剪图（衣身）

裁剪图（袖、后领省）

裁剪片数

前大襟片（整）	1片	后身片	2片	前袖口贴边	2片
前右襟片	1片	后领贴边片	2片	后袖口贴边	2片
前领贴边片	2片	袖片	2片	扣袢	6副

实例 2-11 对称露肩式长款绣花旗袍

裁剪制作说明：

此款造型为长款对称式旗袍。面料采用真丝素绉缎或贡缎制作，里料可选用雪纺或醋酸绸；前衣身为整片裁剪，小爬领造型上的绣花图案与衣身的图案协调统一；后衣身分为两片采用拉链缝制。裁剪时，注意领子与后衣身的中缝留出缝份；领口边与袖窿边的制作可选择绲边、镶边等传统工艺手法制作。

效果图

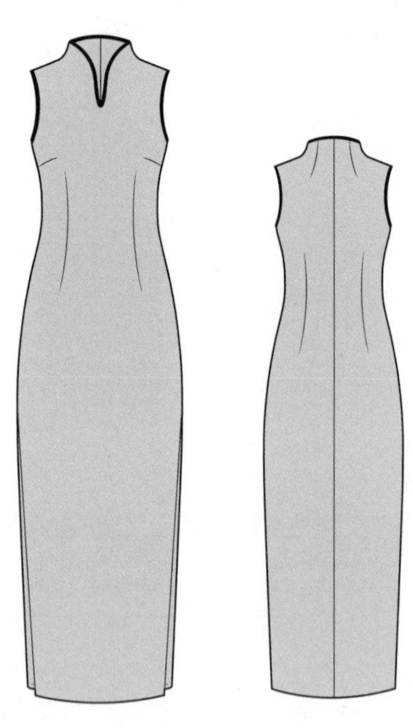

款式图

规格确定

单位：cm

衣长	135
肩宽	36
胸围	92
腰围	74
臀围	94

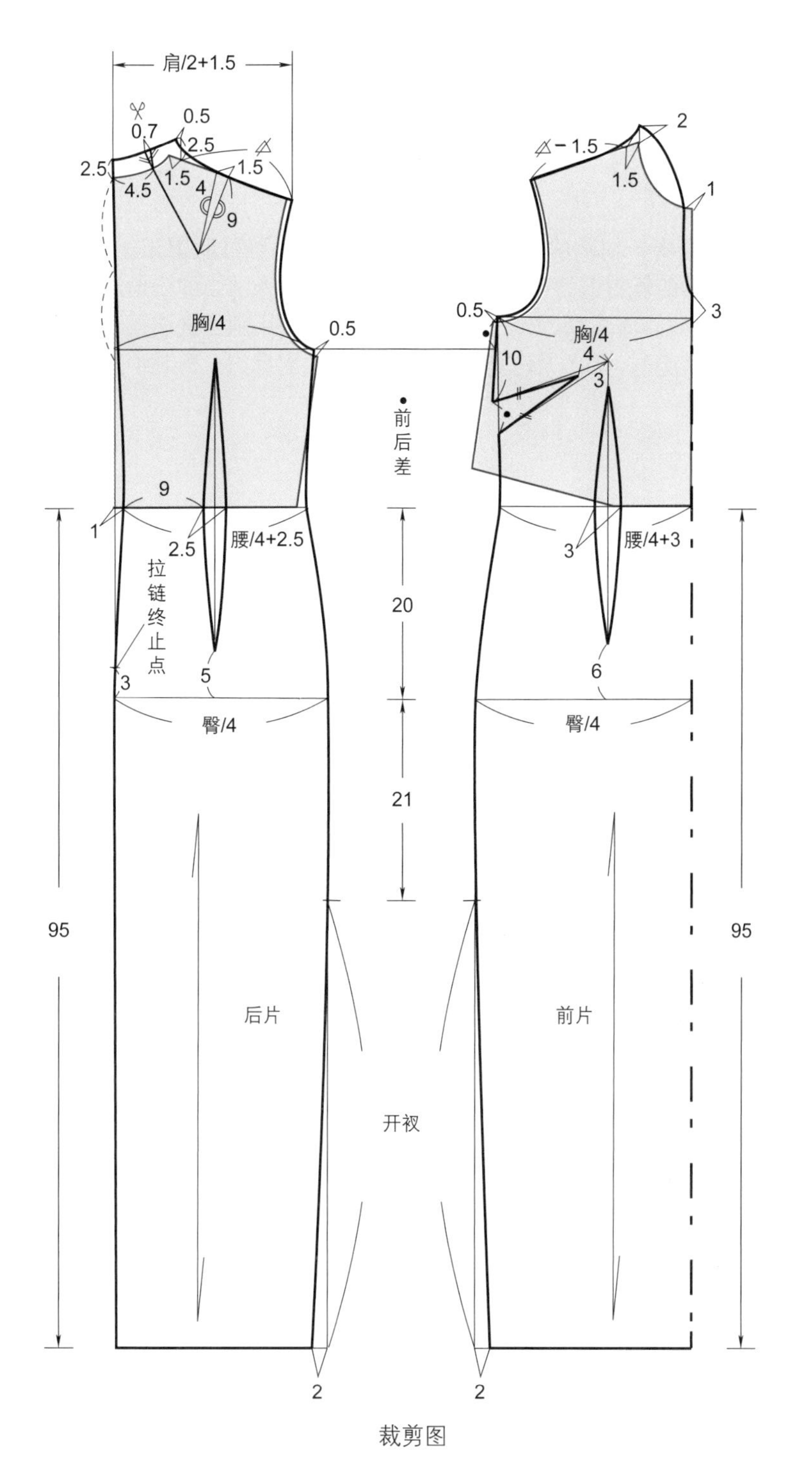

裁剪图

裁剪片数

前身片（整）	1片	前领贴边（整）	1片	前袖窿贴边	2片	绲边条	3条
后身片	2片	后领贴边片	2片	后袖窿贴边	2片		

实例 2-12 鱼尾式水滴盆领无袖旗袍

裁剪制作说明：

此款造型为对称露肩长款旗袍，选用织锦缎面料缝制，需裁制里布。整个衣身无明省道，在裁剪时将胸、腰、臀的差量设计在分割线中；分割线内加入适当的三角造型以突出鱼尾的下摆造型。领子的外口与前胸口的水滴造型线条协调统一，采用斜丝绲边镶嵌工艺；后衣身分为两片采用拉链缝制。裁剪时，注意领子与后衣身的中缝留出缝份；缝制中注意各条缝边的流畅与平服。

效果图

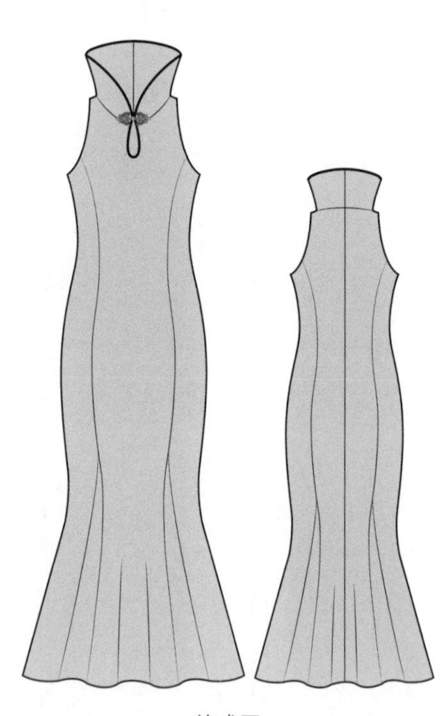

款式图

规格确定

单位：cm

衣长	138
胸围	92
腰围	70
臀围	100

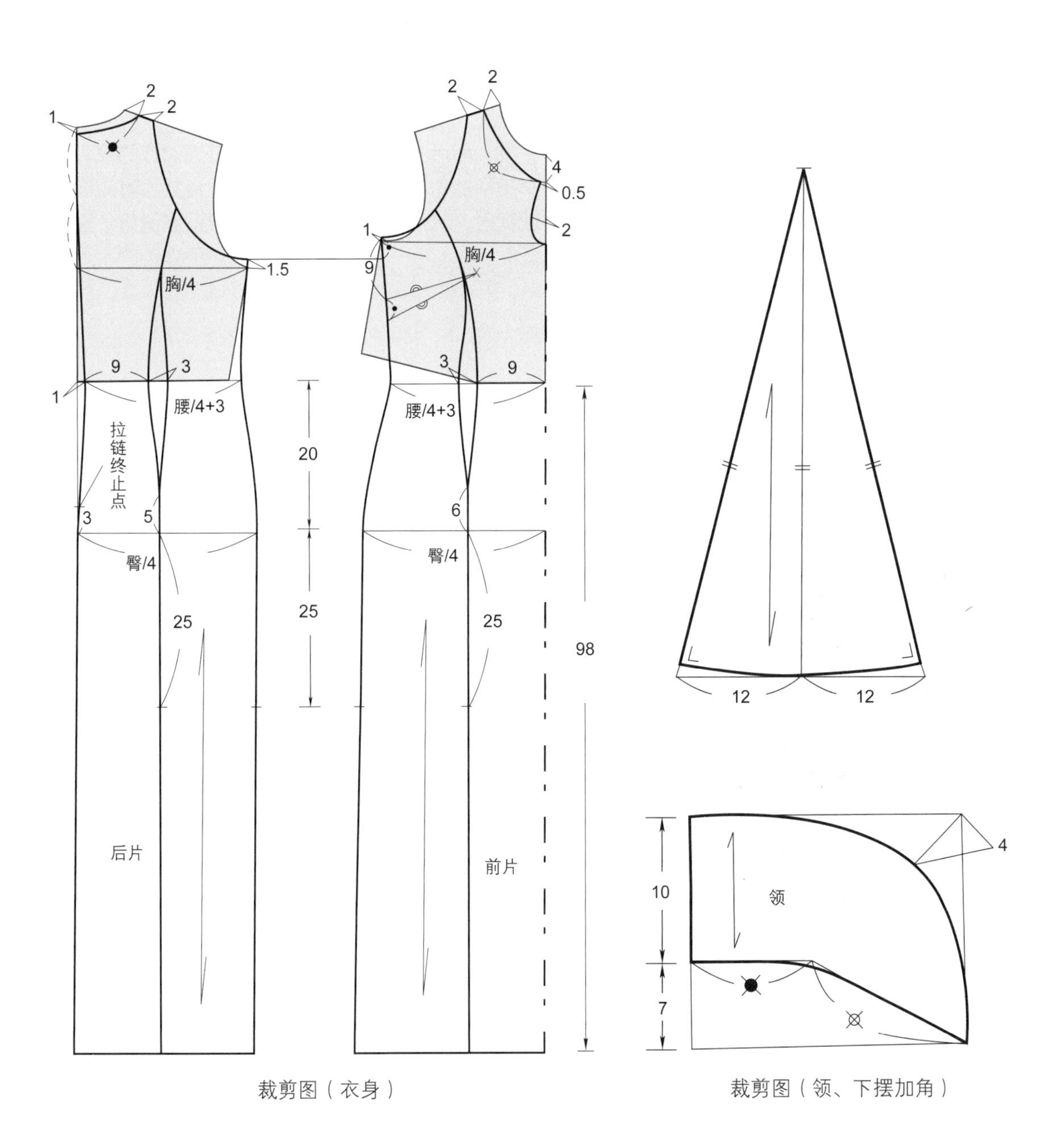

裁剪图（衣身）

裁剪图（领、下摆加角）

裁剪片数

前中片（整）	1片	后中片	2片	领面片	2片	裙摆夹角片	4片
前侧片	2片	后侧片	2片	领里片	2片	绲边条	3条

实例 2-13 断身双襟式蕾丝短旗袍

裁剪制作说明：

此款造型为短款旗袍。蕾丝面料采用聚酯纤维，前后衣身需裁剪里布；大襟为对称的双大襟，大襟的绲边及手工盘制的一字扣颜色与整个旗袍的色调统一协调；腋下省道合并后可转移到腰线缝上；后衣身分为两片采用拉链缝制。裁剪时，注意领子与后衣身的中缝留出缝份；袖子部位为单层制作。

效果图

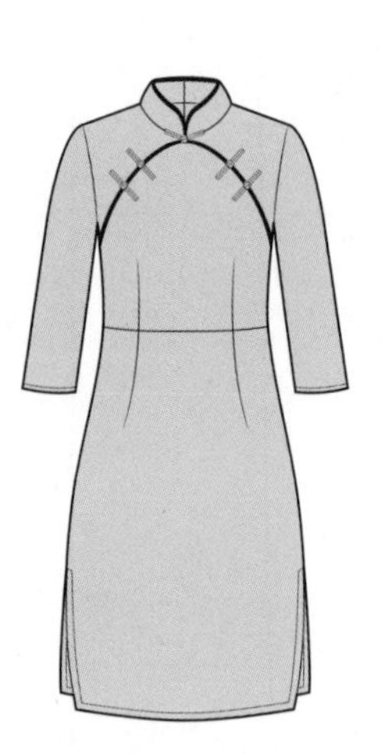

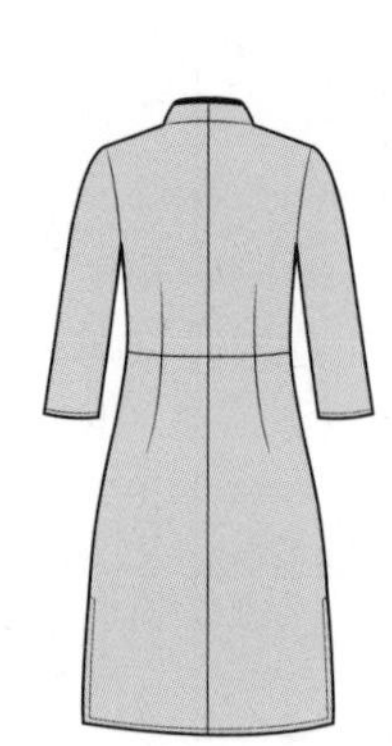

款式图

规格确定

单位：cm

衣长	90
肩宽	37
胸围	92
袖长	44
袖口	29
腰围	72
臀围	94

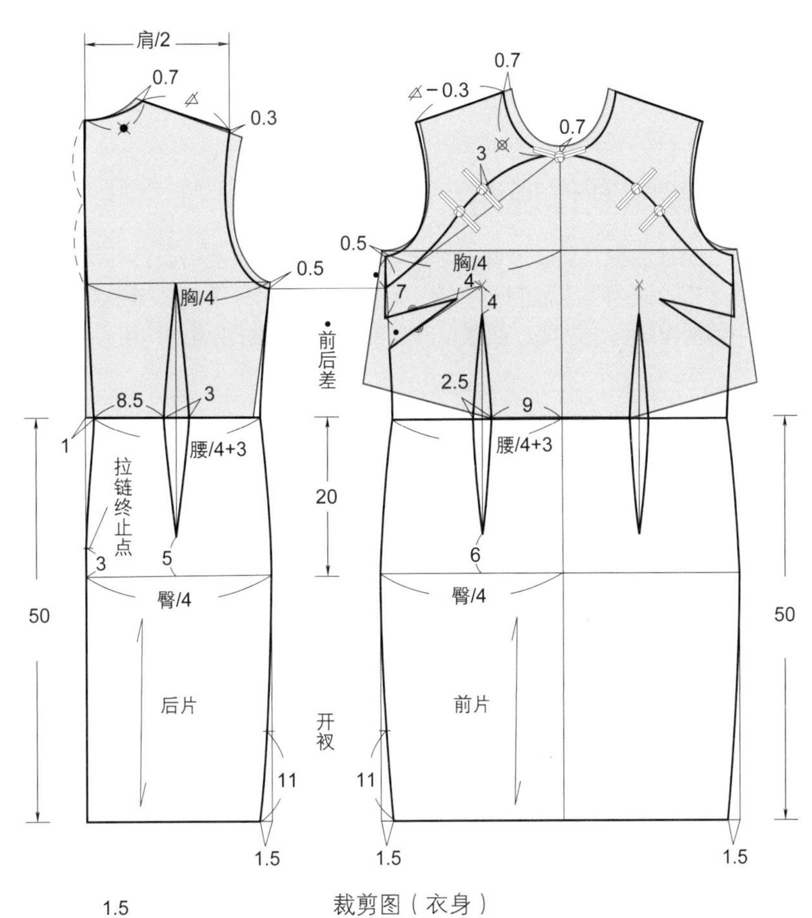

裁剪图（衣身）

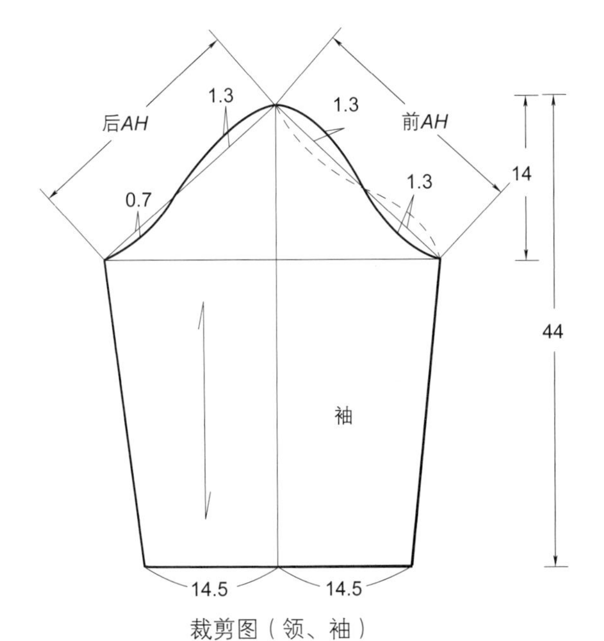

裁剪图（领、袖）

裁剪片数

前大襟片（整）	1片
前裙片（整）	1片
前底襟片	2片
后身片	2片
后裙片	2片
领面片	2片
领里片	2片
袖片	2片
扣袢	5对
绲边条	3条

实例 2-14 左襟高领香云纱短旗袍

裁剪制作说明：

此款造型为夏季短款日常旗袍。面料采用真丝香云纱，可制成单层旗袍；旗袍衣身为左开襟；扣袢采用手工盘制一字扣；后衣身分为两片采用拉链缝制。裁剪时，注意领子与后衣身的中缝留出缝份；袖窿、底摆及开衩部位手工缝制或缉缝均可。

效果图

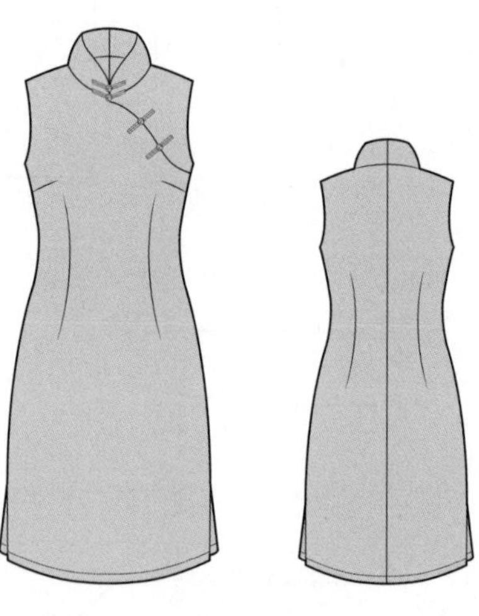
款式图

规格确定

单位：cm

衣长	96
肩宽	38
胸围	92
腰围	78
袖口	100

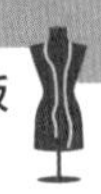

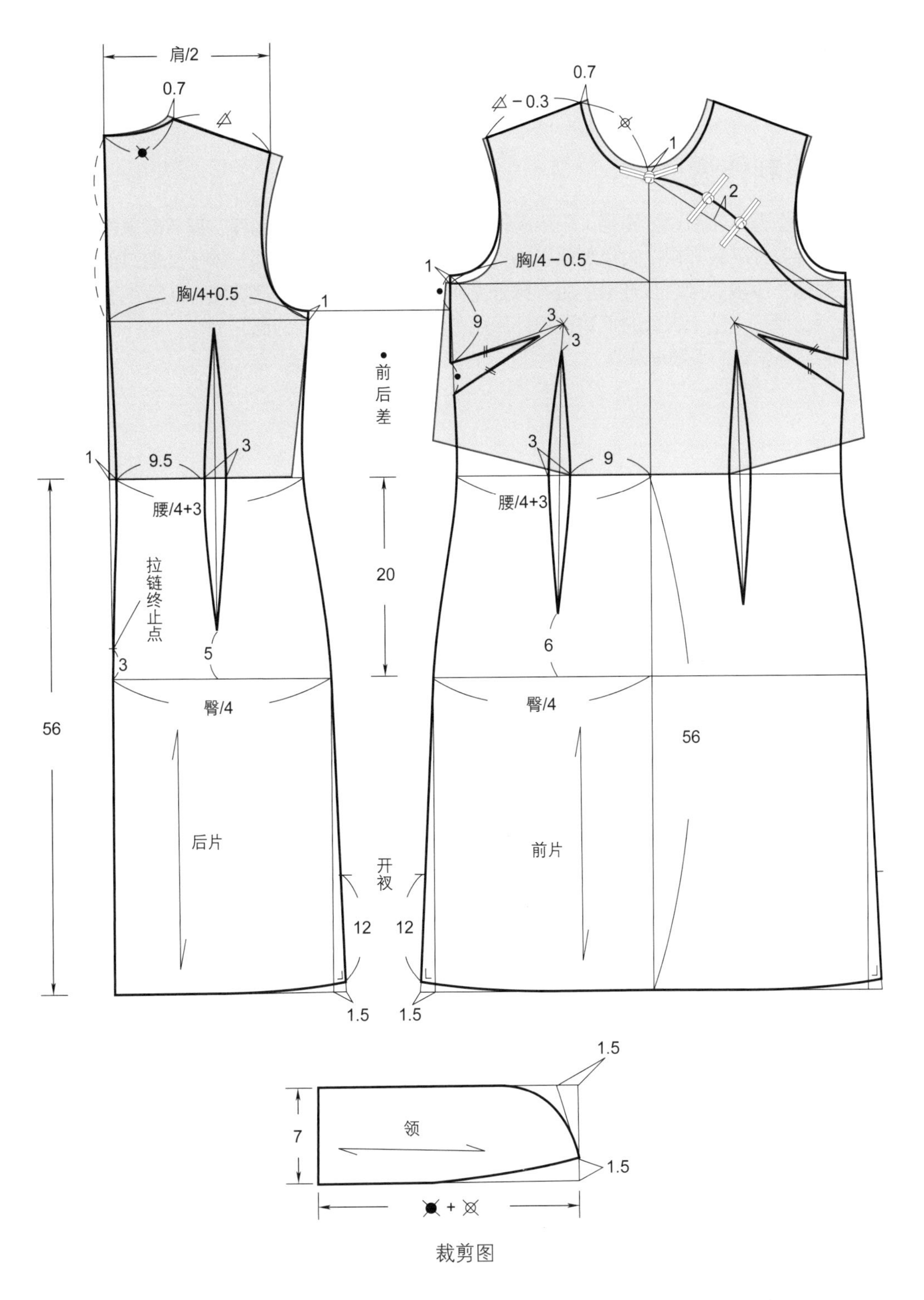

裁剪图

裁剪片数

前大襟片（整）	1片	领面片	2片	领里片	2片	前袖窿贴边	2片
前左襟片	1片	后身片	2片	一字扣	4对	后袖窿贴边	2片

实例 2-15 夏季时尚水墨风旗袍

裁剪制作说明：

此款造型为肩连袖短款旗袍，采用立体印染的水墨画图案面料制作。肩臂部采用肩连袖设计，下摆略收并配置开衩；大襟及领子的扣袢为一字盘扣；前身大襟、领子及袖口部位采用绲边工艺制作；旗袍衣身为右开襟；后衣身分为两片采用拉链缝制。裁剪时，注意领子与后衣身的中缝留出缝份；整个衣身的绲边及扣袢采用与衣身图案相协调的面料制作，制作时注意肩袖等部位面料与里料的平服一致。

效果图

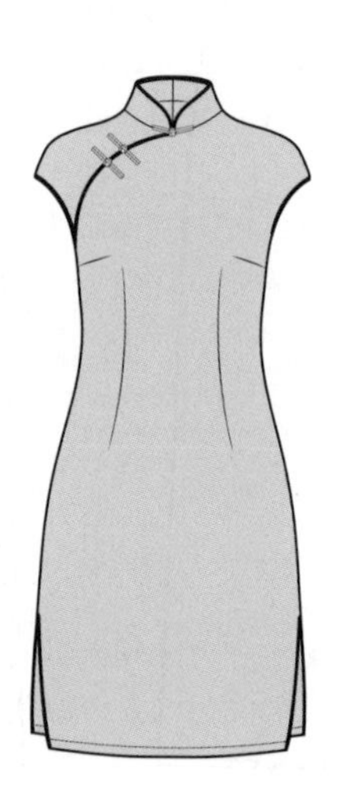

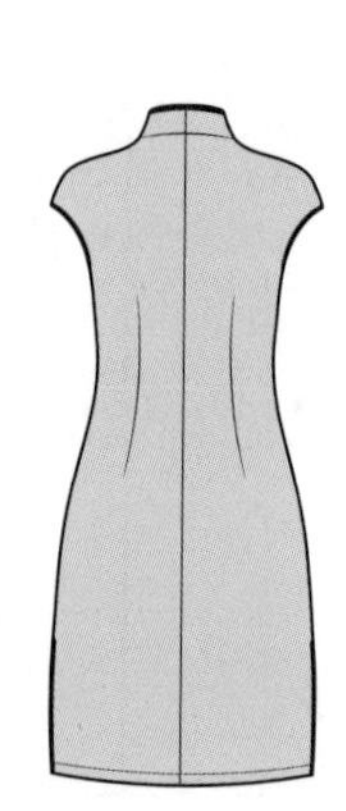

款式图

规格确定

单位：cm

部位	尺寸
衣长	92
肩宽	38
胸围	94
袖长	8
腰围	74
臀围	96

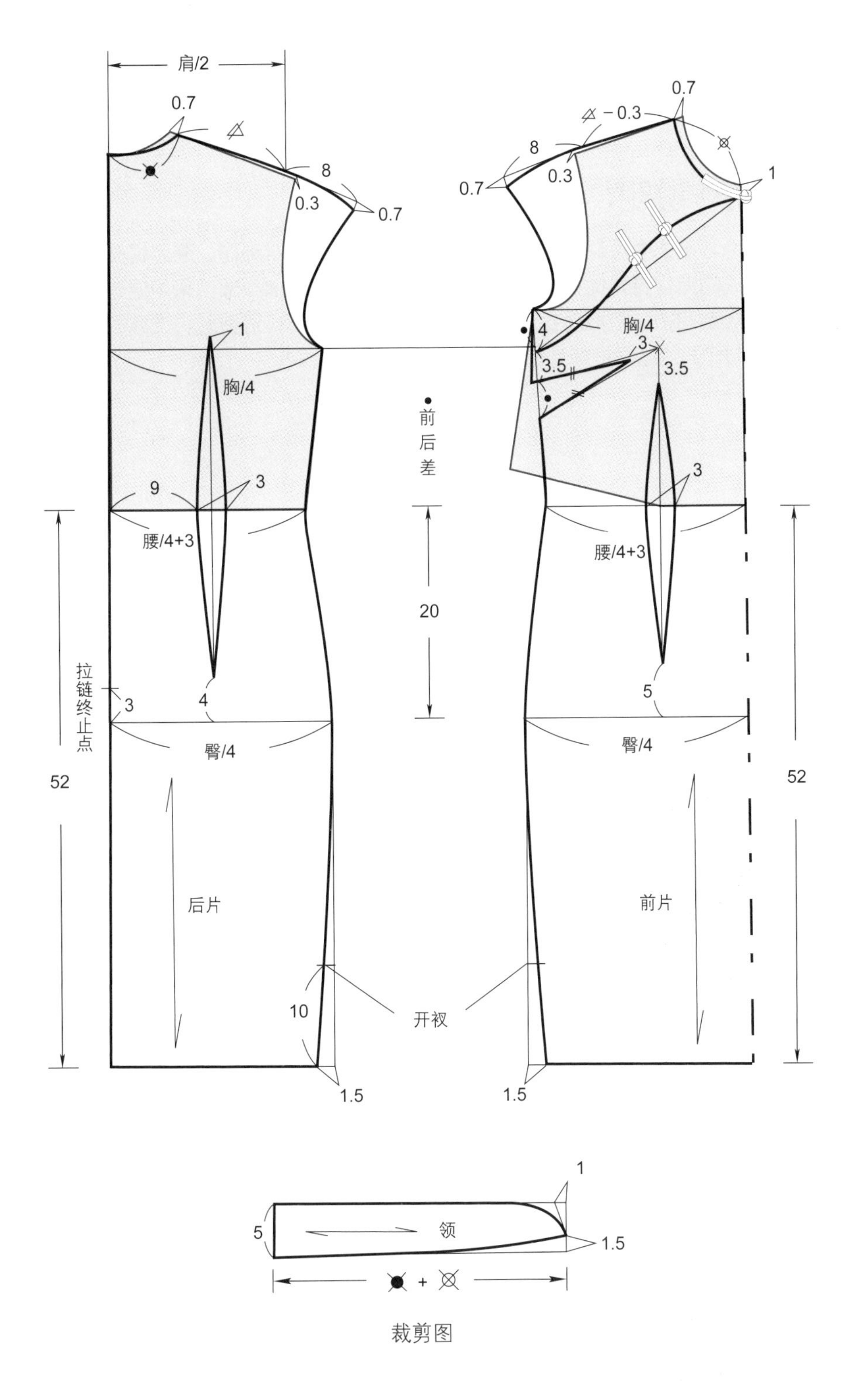

裁剪图

裁剪片数

前大襟片（整）	1片	领面片	2片	领里片	2片	绲边条	6片
前右襟片	1片	后身片	2片	一字扣	3对		

实例 2-16 斗篷式经典配色秋季旗袍

裁剪制作说明：

此款造型为斗篷式中短款旗袍，采用黑白色调的印染面料制作。采用经典立领与双大襟设计，配上斗篷式的造型更显优雅与时尚；前身大襟、领子及袖口部位采用绲边工艺制作；领子的扣袢为手工盘制花扣；旗袍后衣身分为两片采用拉链缝制。裁剪时，注意领子与后衣身的中缝留出缝份；制作时注意肩袖等部位面料与里料的平服一致。

效果图

款式图

规格确定

单位：cm

部位	尺寸
衣长	96
肩宽	38
胸围	92
袖长	42
腰围	72
臀围	94

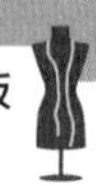

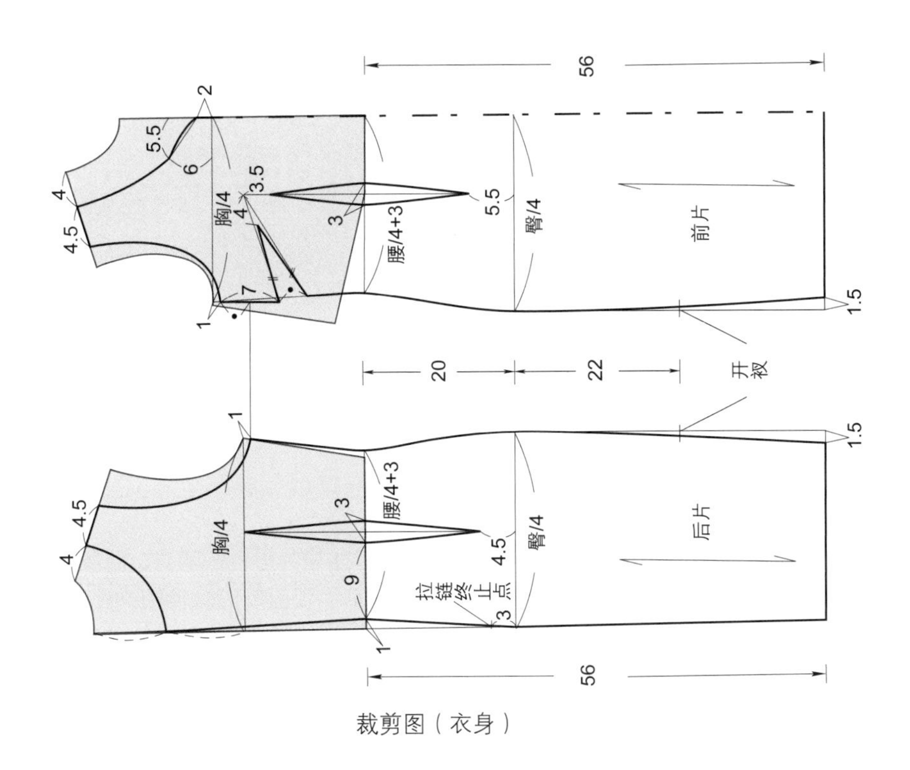

裁剪图（衣身）

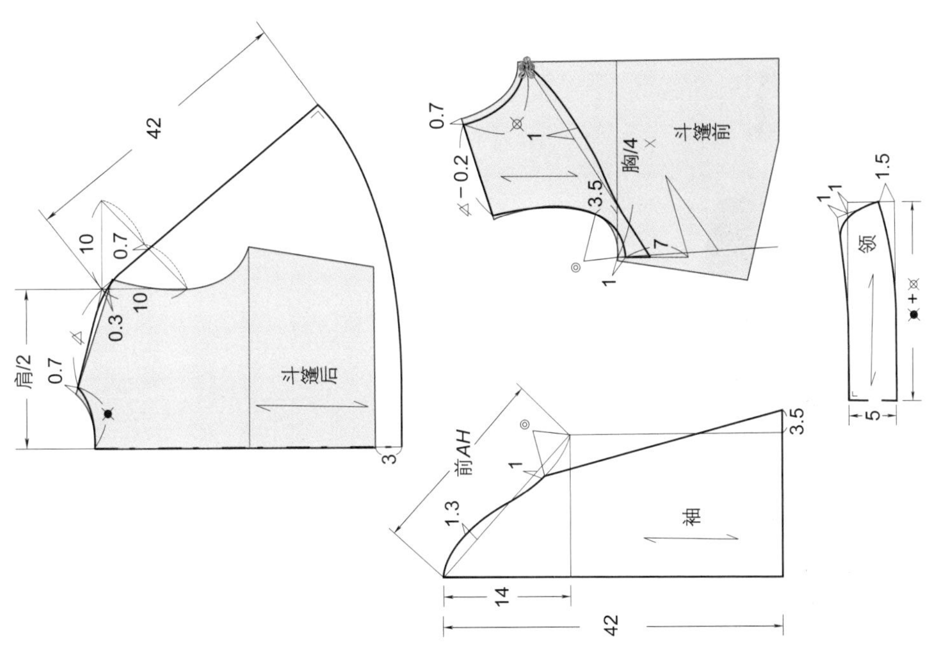

裁剪图（斗篷、领、袖）

裁剪片数

前身片	2片	后裙片	2片	领子片（整）	2片	盘花扣	1对
前裙片（整）	1片	后身斗篷片（整）	1片	袖片	2片	绲边条	7条

第3章 中式短衫的裁剪制作与制板

实例 3-1 中式对襟马蹄袖真丝短衫

裁剪制作说明:

此款造型具备了传统中式服装的基本元素，收腰扩摆呈X形，由前身、后身、袖子、领子、底襟、袖口六部分组成。前衣身左右对称呈对襟造型，手工盘制的蒜盘扣共9对为一字扣；领子为传统服装的中式经典立领；袖子的设计采用了马蹄袖口的中长袖；前片腋下有省道，前后衣身的腰身设计了枣核形的腰省，腰省可根据实际体型的要求适当调节大小；衣摆侧缝两边加入了旗袍元素的开衩。其面料可选用真丝、棉、麻等材料制作。

效果图

款式图

规格确定

单位：cm

衣长	65
肩宽	39
胸围	92
袖长	50
袖口	27

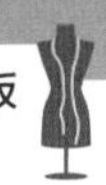

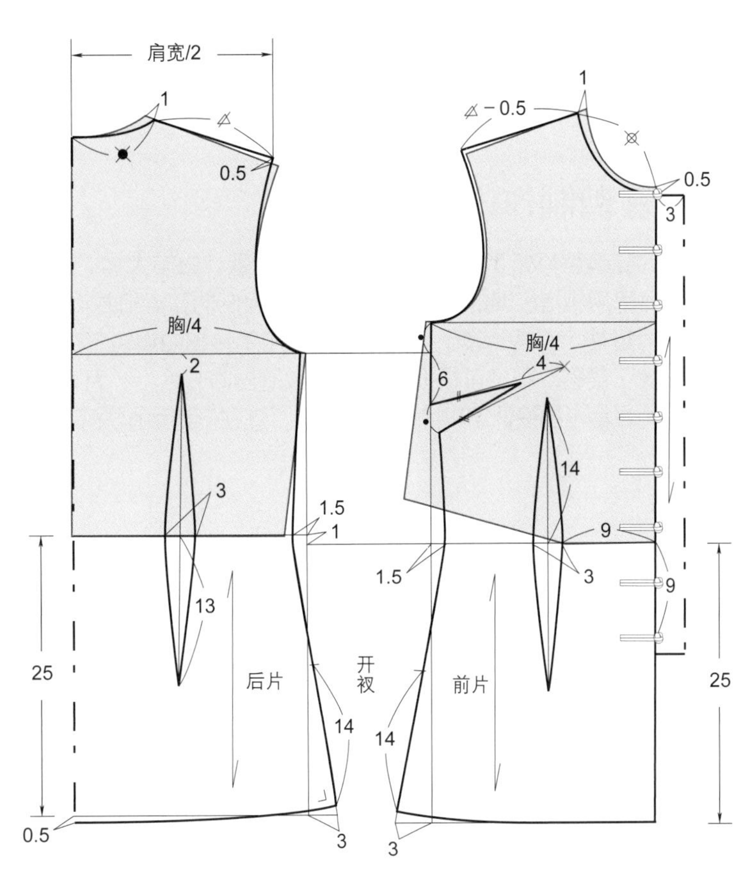

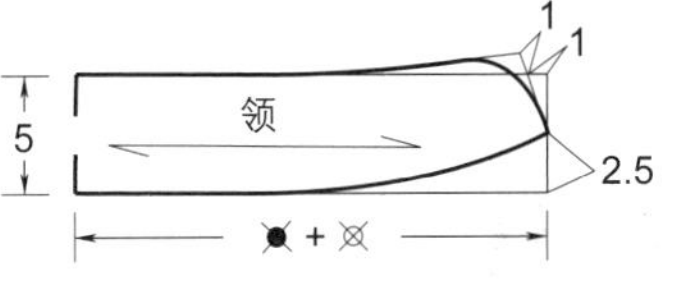

裁剪图（衣身、领）

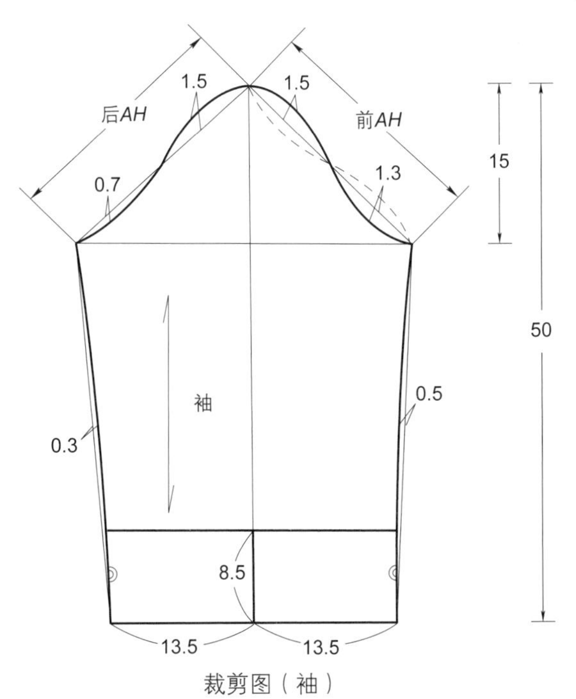

裁剪图（袖）

裁剪片数

前衣片	2片
后衣片（整）	1片
底襟片（整）	1片
袖子片	2片
袖口面片	2片
袖口里片	2片
领面片（整）	1片
领里片（整）	1片
过面片	2片
扣袢	9对

实例 3-2 时尚圆摆中式唐装棉麻短衫

裁剪制作说明：

此款造型具备了传统中式服装基本元素，由前大襟、后身、袖子、领子、右襟部分组成。前衣身采用旗袍经典的右斜襟造型；手工盘制的蒜盘扣共4对为一字扣；领子为传统的小立领；袖子为短袖；大襟、领子、袖口边缘采用了传统的绲边工艺；前片腋下有省道，前后衣身的腰身设计了腰省。腰省可根据造型的要求适当调节大小，为穿着方便可在侧缝处缝制拉链；前短后长的衣身不但设计了不同的下摆造型，还在侧缝中加入了开衩；棉质的面料适合夏季穿着。

效果图

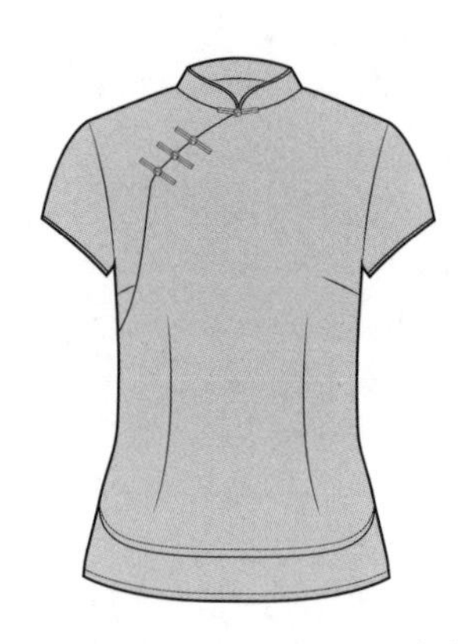

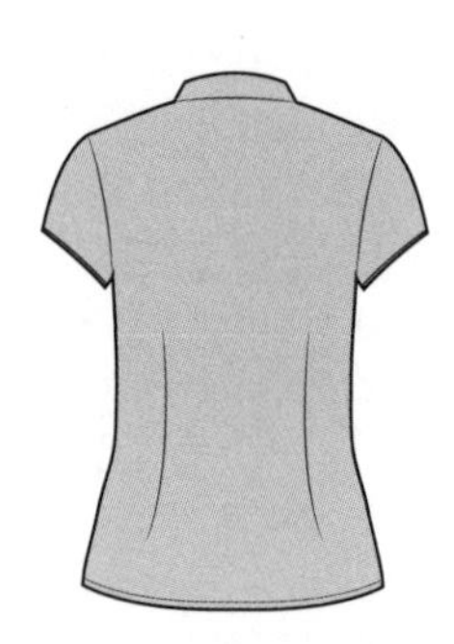

款式图

规格确定

单位：cm

衣长	56
肩宽	38
胸围	94
袖长	20

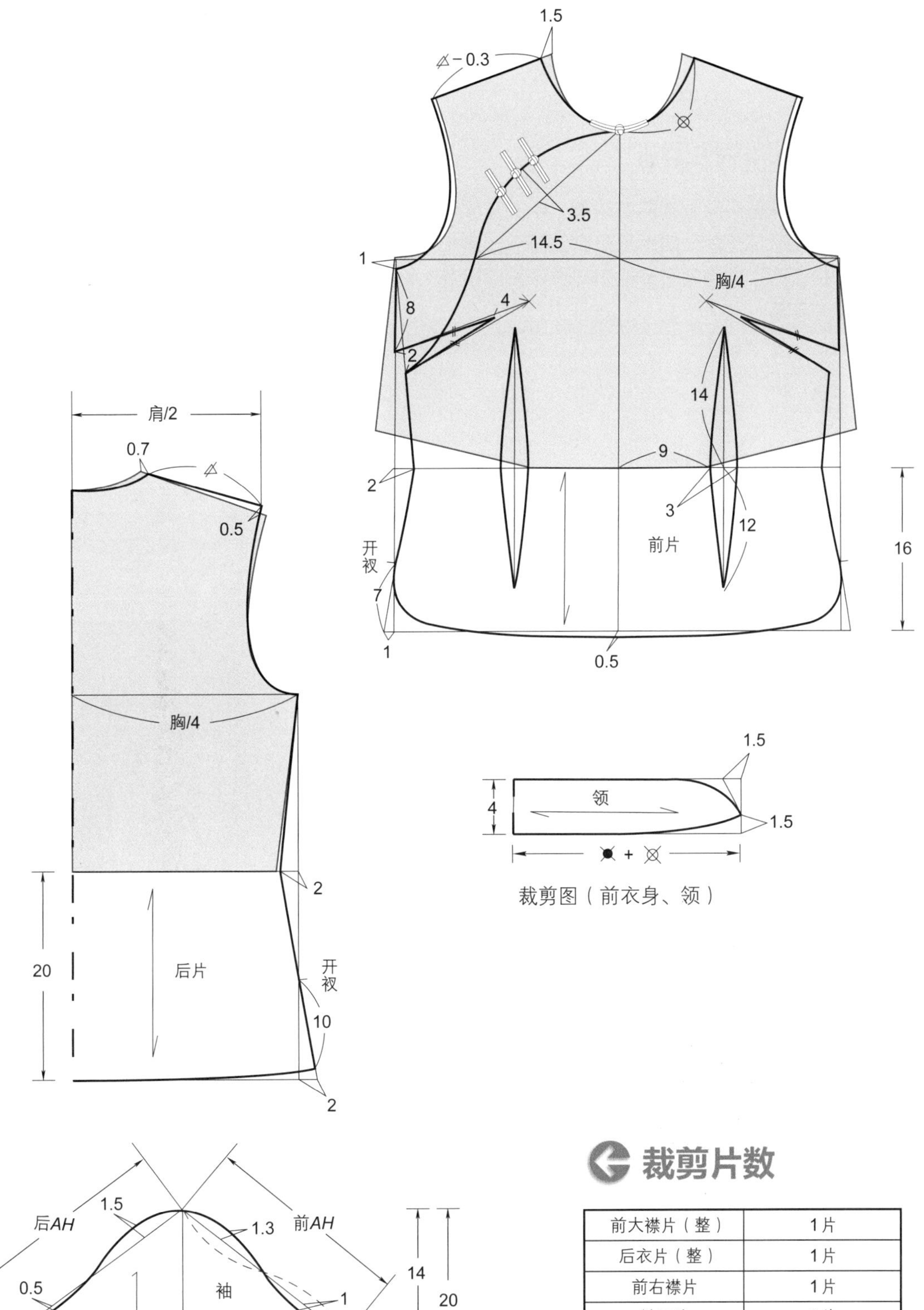

裁剪图（前衣身、领）

裁剪图（后衣身、袖）

裁剪片数

前大襟片（整）	1片
后衣片（整）	1片
前右襟片	1片
袖子片	2片
领子片（整）	2片
扣袢	4对
绲边条	4条

实例 3-3 棉麻复古中式斜襟立领短衫

裁剪制作说明：

此款造型采用旗袍的右斜襟、中式立领传统元素，由前身、后身、袖子、领子、右襟部分组成。领子部位有一对手工盘制的蒜盘一字扣；大襟上选用字母暗扣；袖子为短袖；整个衣身呈宽松A形；衣身底摆及袖口部位可采用缉缝工艺制作；立体印染的棉麻材质透气性极佳，适合夏季穿着。

效果图

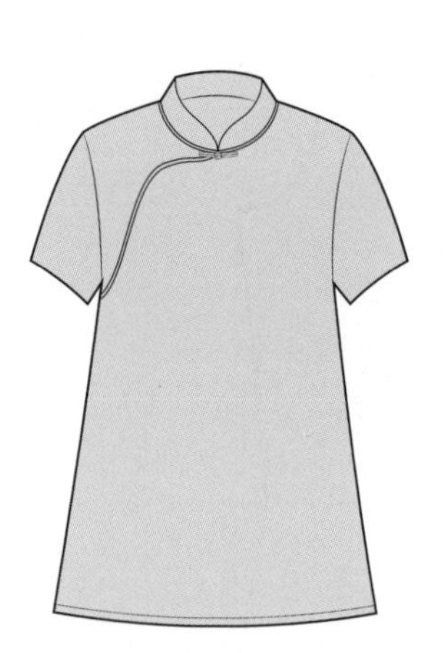
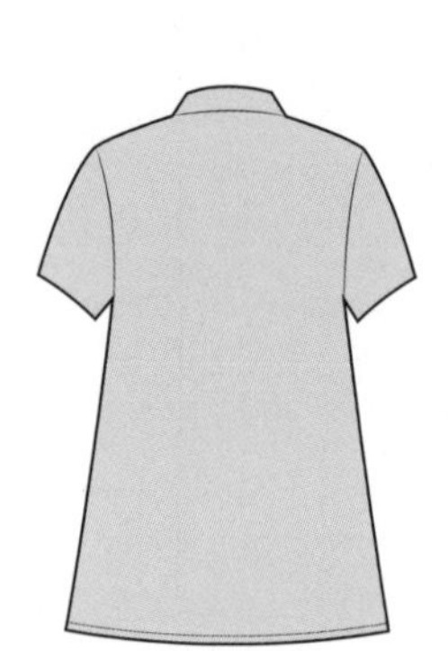

款式图

规格确定

单位：cm

衣长	76
肩宽	38
胸围	100
袖长	20

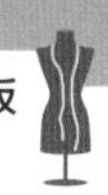

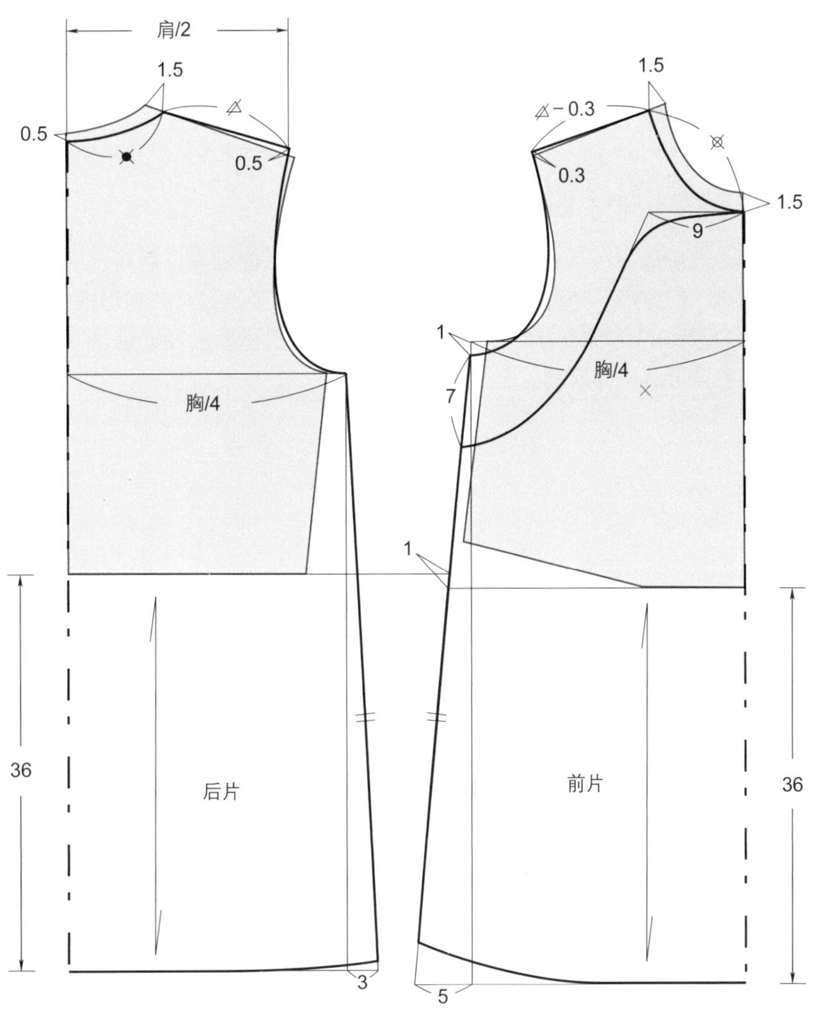

裁剪图（衣身）

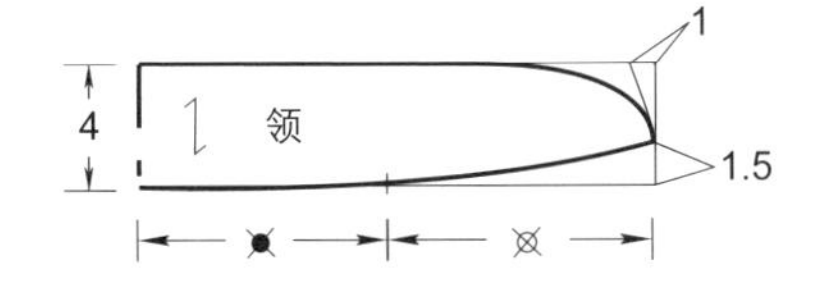

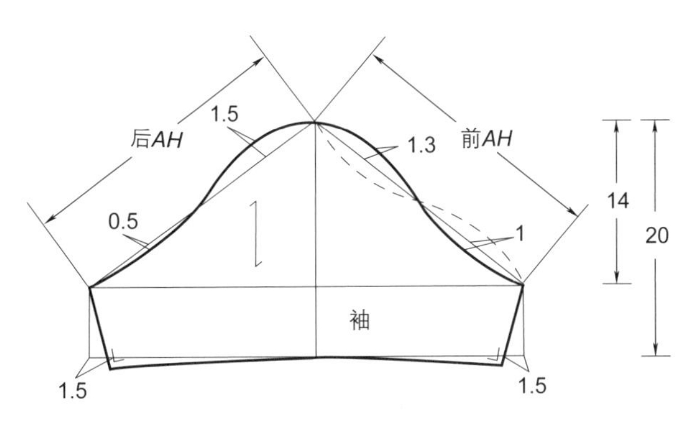

裁剪图（领、袖）

裁剪片数

前大襟片（整）	1片
后衣片（整）	1片
前右襟片	1片
袖子片	2片
领子片（整）	2片
扣袢	1对

实例 3-4 交领七分马蹄袖棉布印花短衫

裁剪制作说明：

此款造型采用了中国传统服装交领元素，是由前身、后身、袖子、领子四部分组成的套头式短衫。前身腋下有省道，前后衣身的腰身设计了腰省，腰省可根据造型的要求适当调节大小；领子为改良的交领结构；袖子为中长袖并加入了马蹄袖口的造型；后衣身裁剪分为两片可缝制拉链。其可选用棉麻制品进行裁制。

效果图

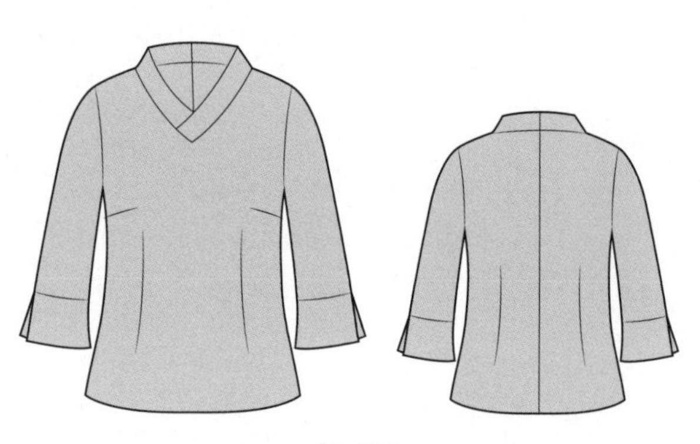
款式图

规格确定

单位：cm

衣长	60
肩宽	39
胸围	94
袖长	45
袖口	28

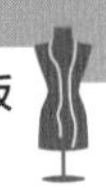

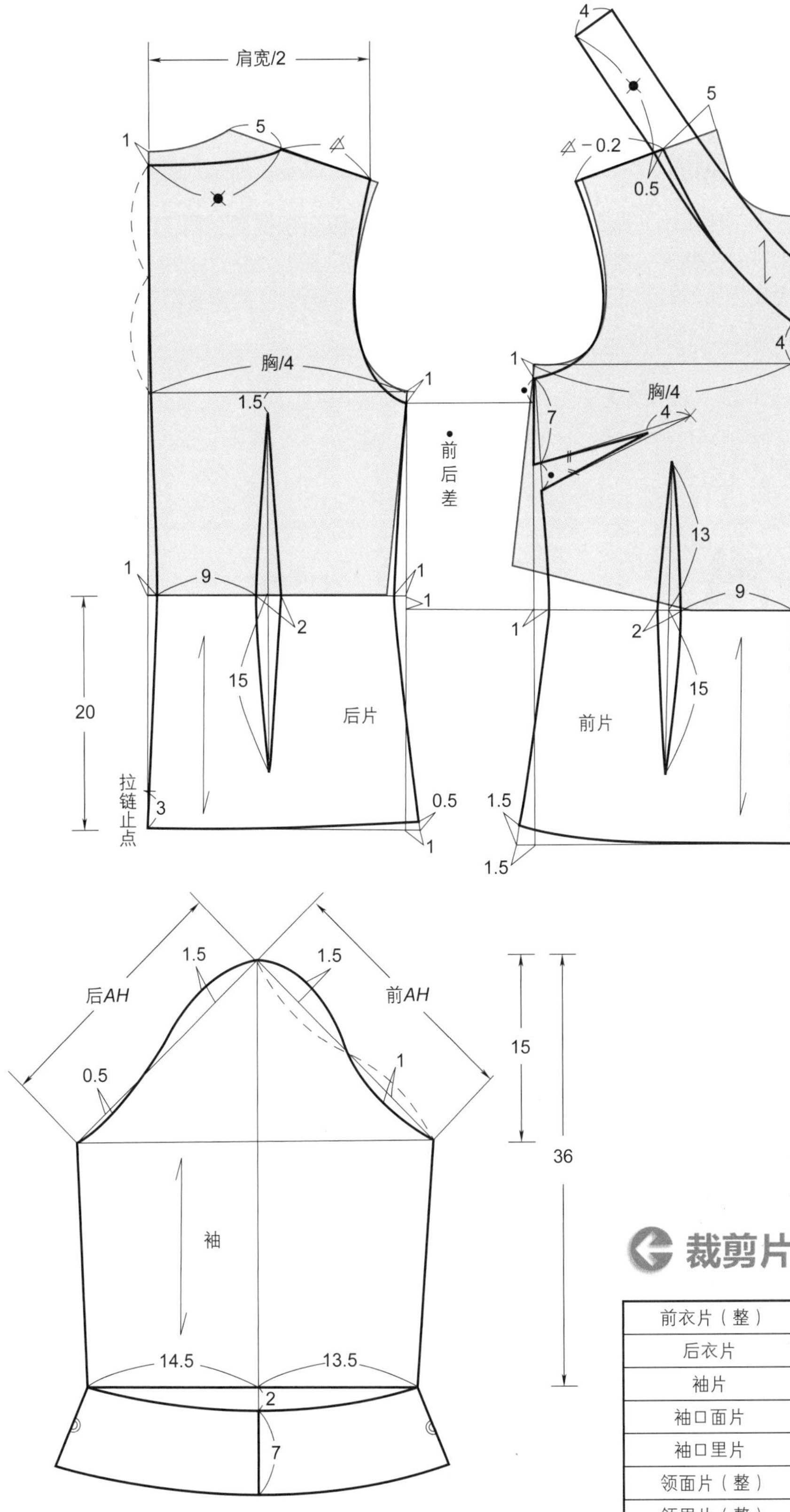

裁剪图

裁剪片数

前衣片（整）	1片
后衣片	2片
袖片	2片
袖口面片	2片
袖口里片	2片
领面片（整）	1片
领里片（整）	1片

实例 3-5 织锦缎立连领不对称式半袖衫

裁剪制作说明：

此款造型选用了传统中式服装的偏襟盘扣元素。面料采用织锦缎面料，可以根据需求配制里料；前衣身为右斜襟裁剪，左右片呈不对称造型；后衣身裁剪为整片；领子部位采用了爬领的造型设计；大襟上有4对手工盘扣；袖子为短袖。整个衣身的裁片中有腋下省道、腰省及后领省，需注意后领省的合并与转移。

效果图

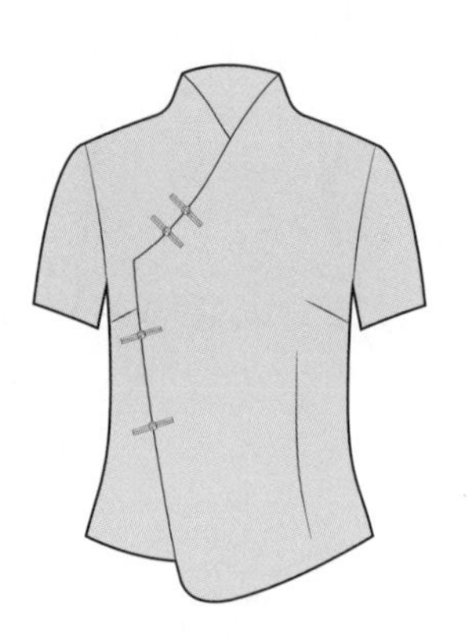
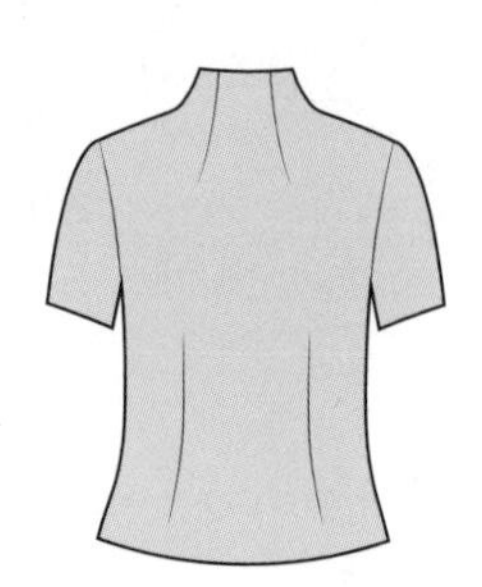

款式图

规格确定

单位：cm

衣长	61
肩宽	38
胸围	94
袖长	24

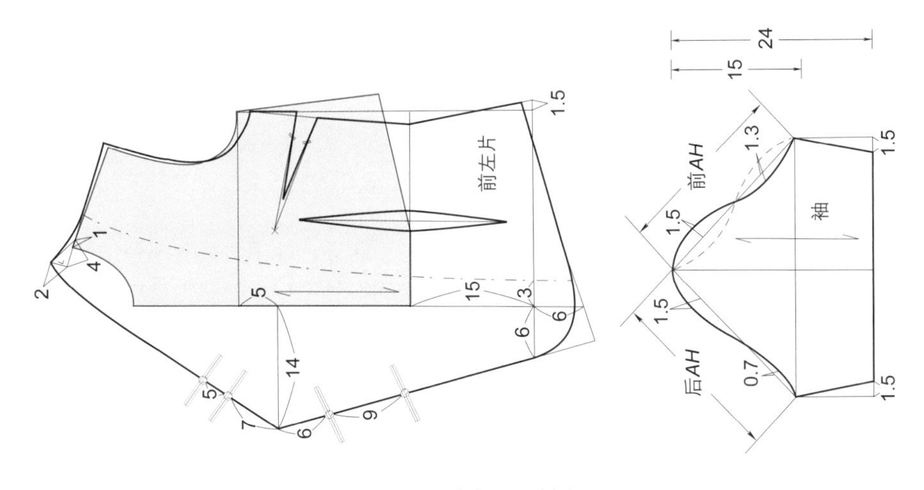

裁剪图（前左片、袖）

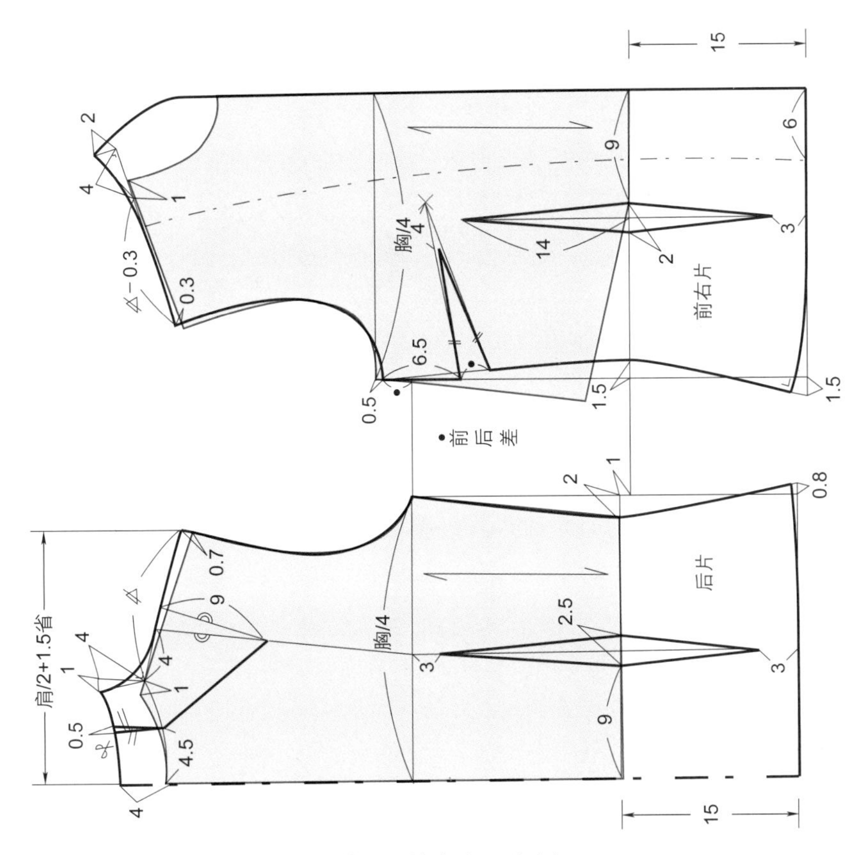

裁剪图（前右片、后片）

裁剪片数

前衣左片	1片	袖片	2片	后领贴边片（整）	1片
前衣右片	1片	前衣左片贴边	1片	扣袢	4对
后衣片	1片（整）	前衣右片贴边	1片		

实例 3-6 苎麻印花立领短衫

裁剪制作说明：

此款造型采用传统中式立领、开衩元素，由前身、后身、袖子、领子部分组成。整个衣身略宽松；前衣身左右对称呈对襟造型，右襟止口处缝制斜丝扣袢；领子为小立领；袖子为袖窿小短袖。前身腋下有省道，前后衣身的腰身设计了腰省，腰省可根据造型的要求适当调节大小；衣身底摆及袖口部位可采用手工扦缝工艺制作；面料选用了苎麻印花材质，适合夏季穿着。

效果图

款式图

规格确定

单位：cm

衣长	70
肩宽	38
胸围	98
袖长	9

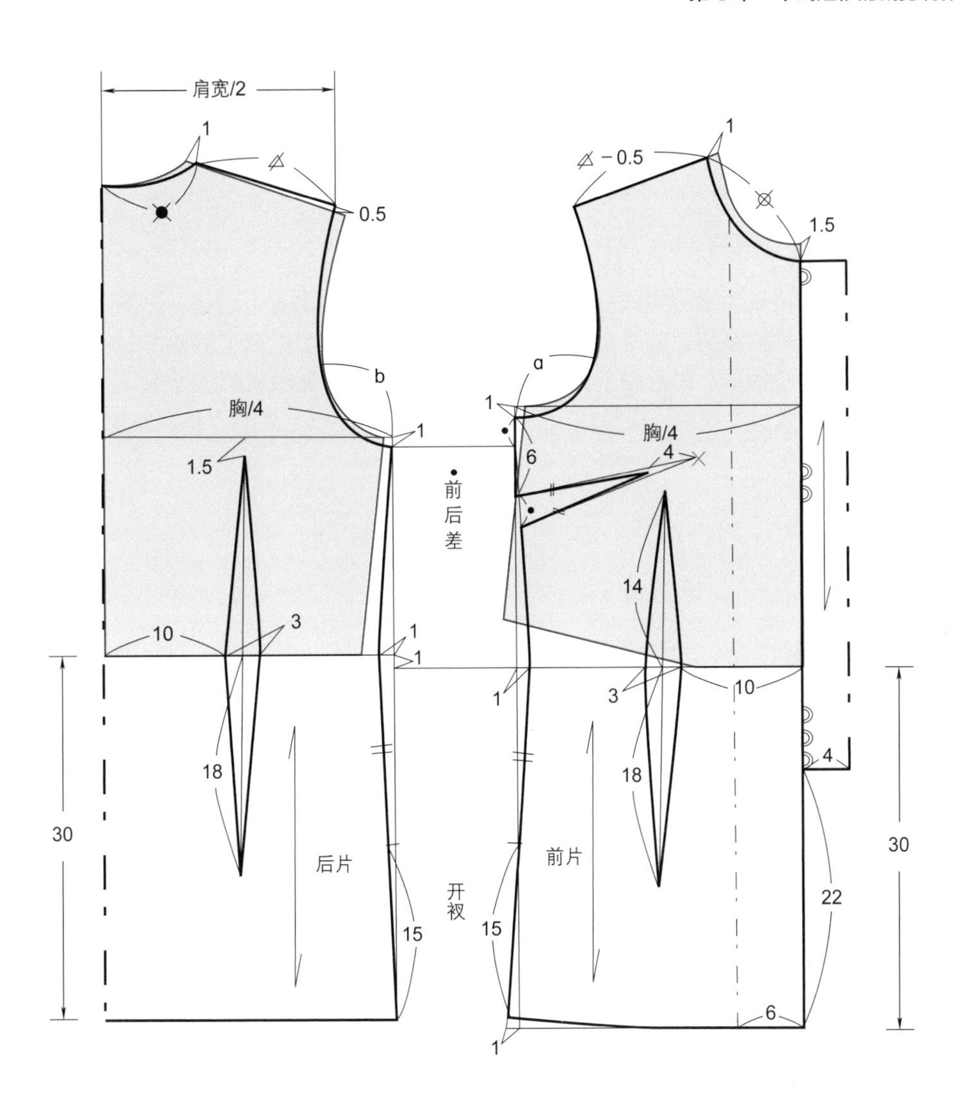

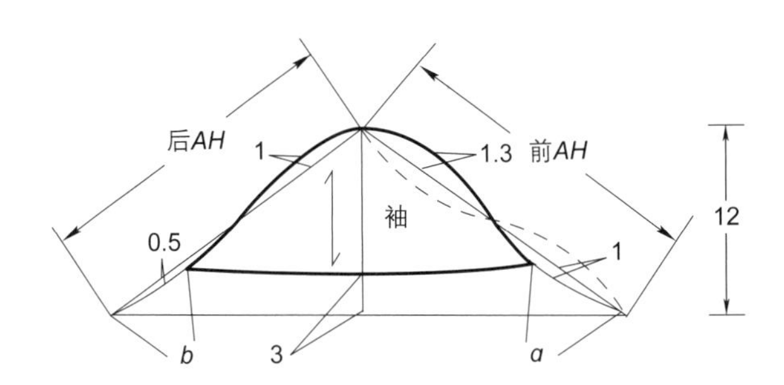

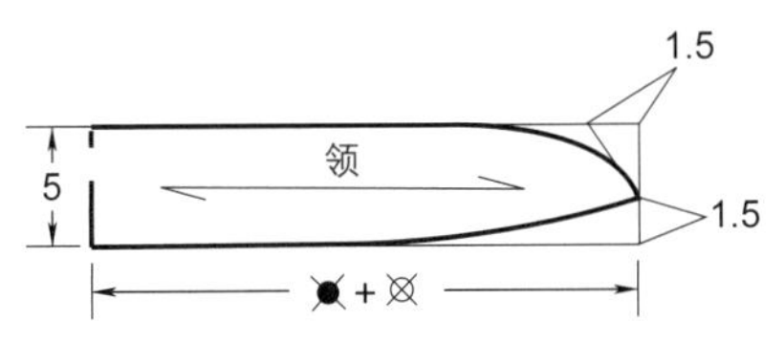

裁剪图

裁剪片数

前衣片	2片
后衣片（整）	1片
底襟片（整）	1片
领面片（整）	1片
领里片（整）	1片
袖片	2片
止口贴边	2片
扣袢	6副

实例 3-7 香云纱半袖斜襟立领镶边衬衫

裁剪制作说明：

此款造型采用传统旗袍的中式立领、斜襟、扣袢元素，由前身、后身、袖子、领子部分组成。前衣身为左偏斜襟造型，并采用了协调色镶边工艺；斜襟上配置了蒜盘扣；领子设计为半立领；袖子为袖窿小短袖。前身腋下有省道，后片腰省起到了略收腰部的作用，腰省可根据造型的要求适当调节大小；衣身底摆及袖口部位可采用手工扦缝工艺制作；面料采用香云纱材质，适合夏季穿着。

效果图

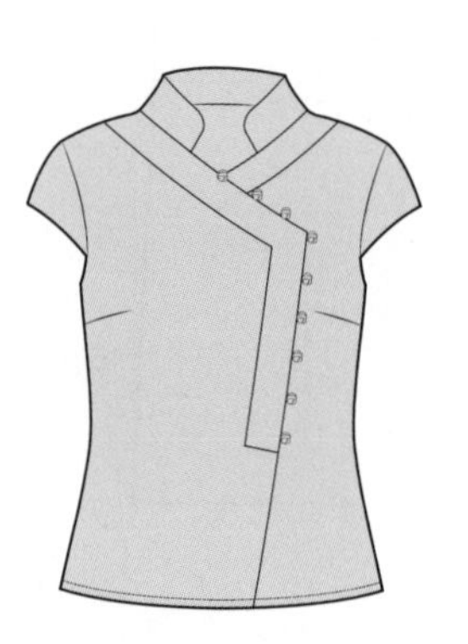
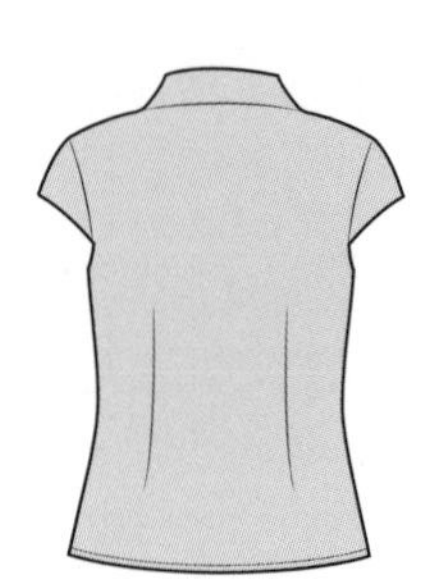

款式图

规格确定

单位：cm

衣长	55
肩宽	38
胸围	94
袖长	10

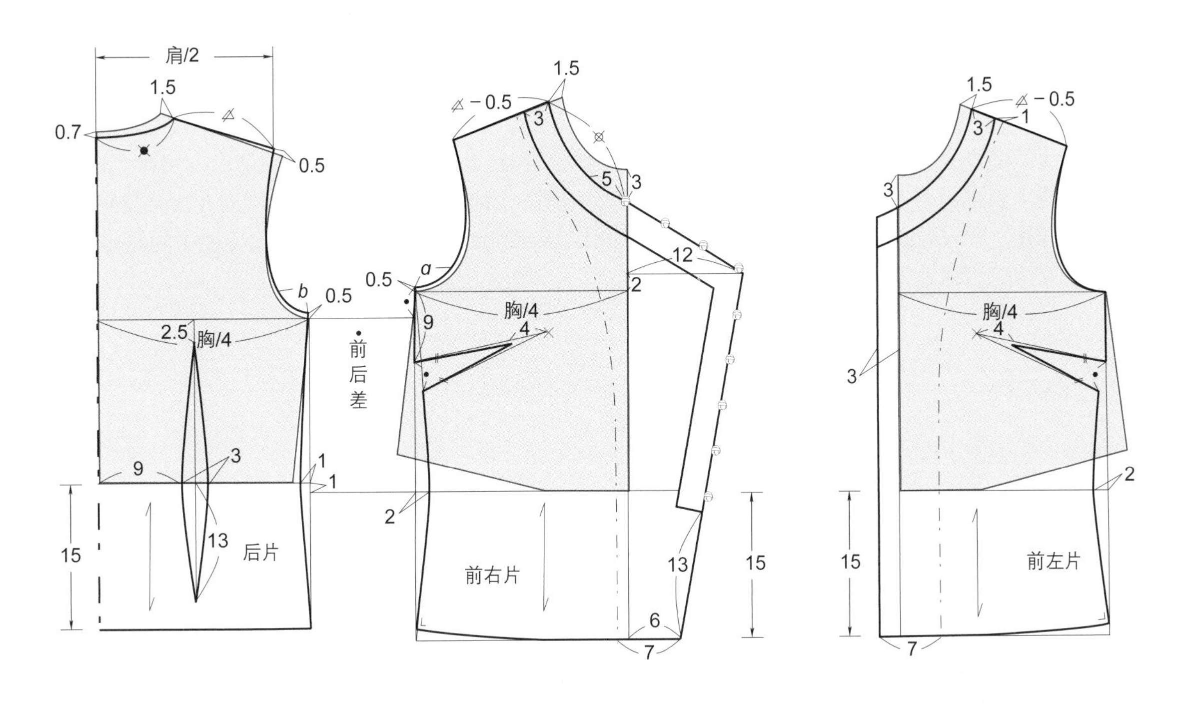

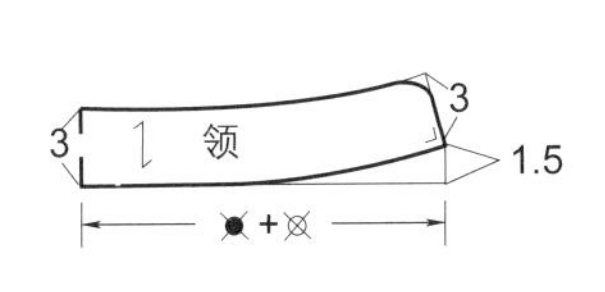

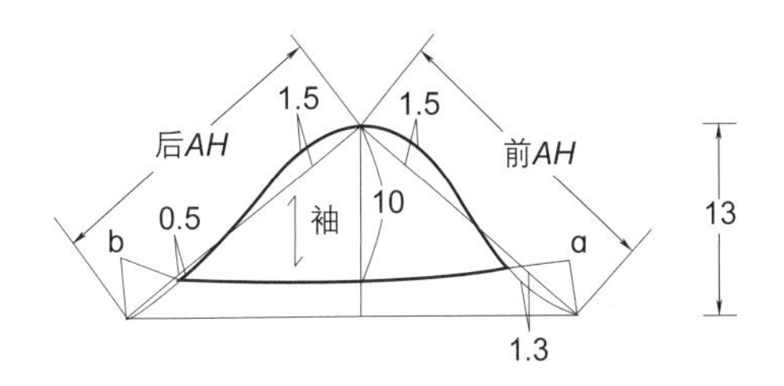

裁剪图

裁剪片数

前右身片	1片	前右身片贴边	1片	领面片（整）	1片
前右镶边片	1片	前左身片贴边	1片	领里片（整）	1片
前左身片	1片	后身片（整）	1片	蒜盘扣	9副
前左镶边片	1片	袖片	2片		

实例 3-8 立连领不对称式半袖衫

裁剪制作说明：

此款造型为立连领左偏襟盘扣半袖款。面料采用真丝贡缎或桑蚕丝；前衣身右斜大襟至左侧侧缝，斜襟与下摆勾勒出的裁片上设计了手绣图案；后衣身裁剪为整片，腰省的设计起到收腰的作用；领子部位采用了敞口较大的爬领设计；胸口处缝制一对手工盘花扣；袖子为短袖。整个衣身的边缘处，可选用手工扦缝工艺制作。

效果图

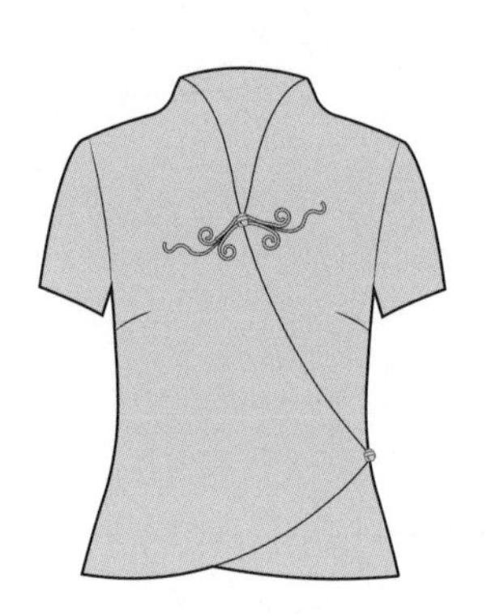

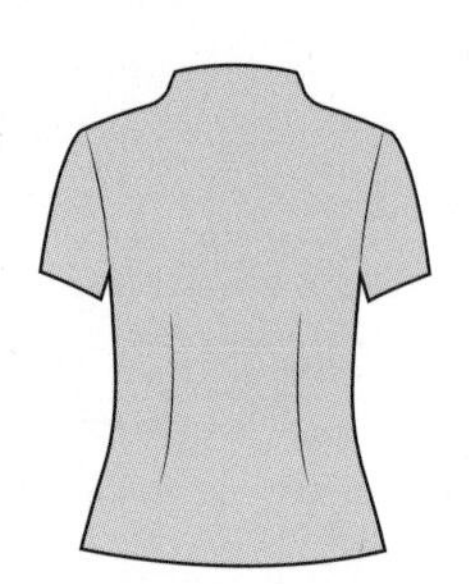

款式图

规格确定

单位：cm

衣长	60
肩宽	39
胸围	100
袖长	18

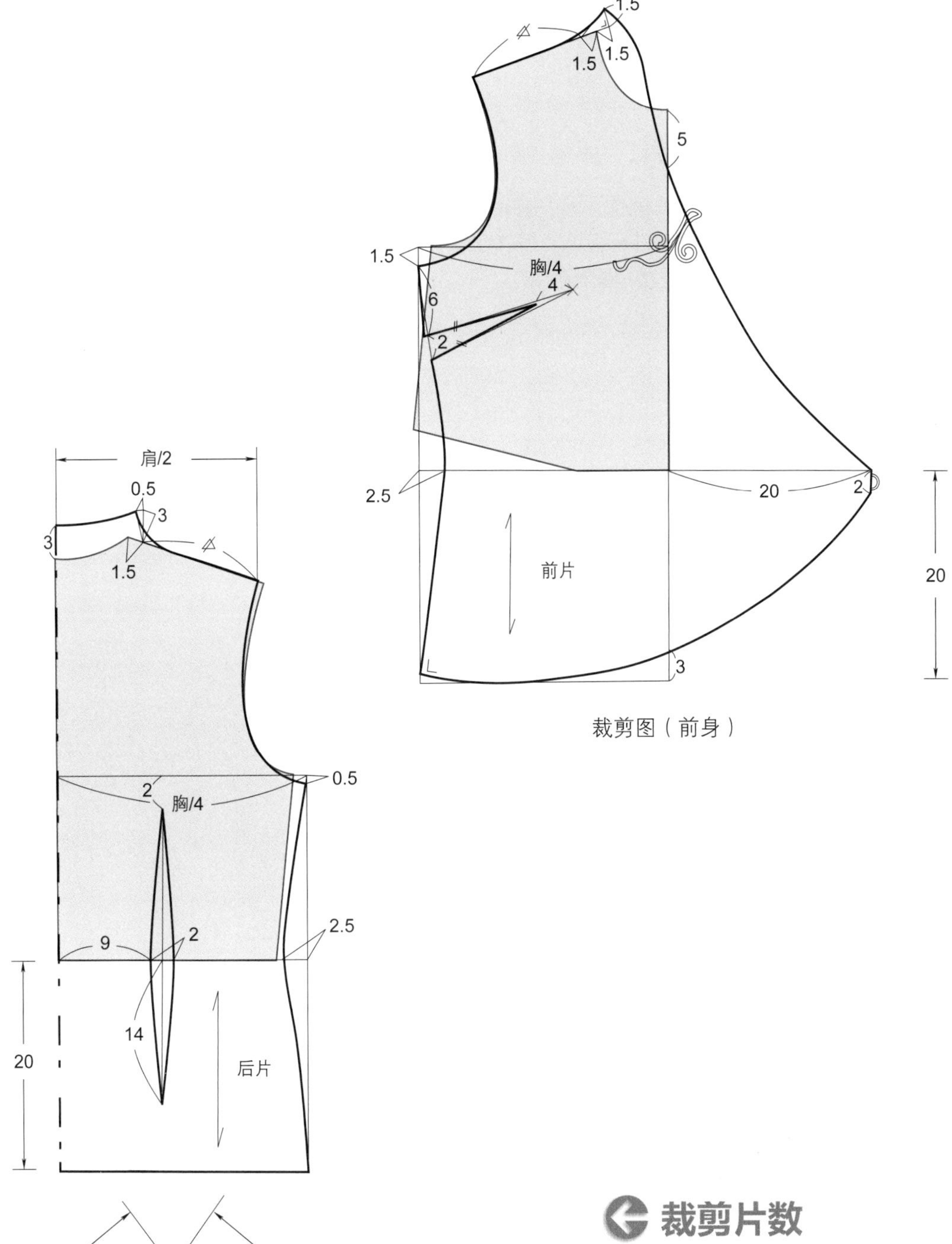

裁剪图（前身）

裁剪图（后身、袖）

裁剪片数

前衣片	2片
后衣片（整）	1片
袖片	2片
前贴边片	2片
后领贴边片（整）	1片
盘花扣	1对
扣袢	2副

实例 3-9 连袖圆领偏襟短衫

裁剪制作说明：

此款造型采用了中式偏襟元素，由前身、后身两部分组成。前身设计了不对称的分割线，选用具有传统图案的面料进行装饰；偏襟止口配置三粒扣袢；领子为圆领口；袖子为衣连袖造型。其可选用苎麻、桑蚕丝等面料制作。

效果图

款式图

规格确定

单位：cm

衣长	55
肩宽	38
胸围	98
袖长	16

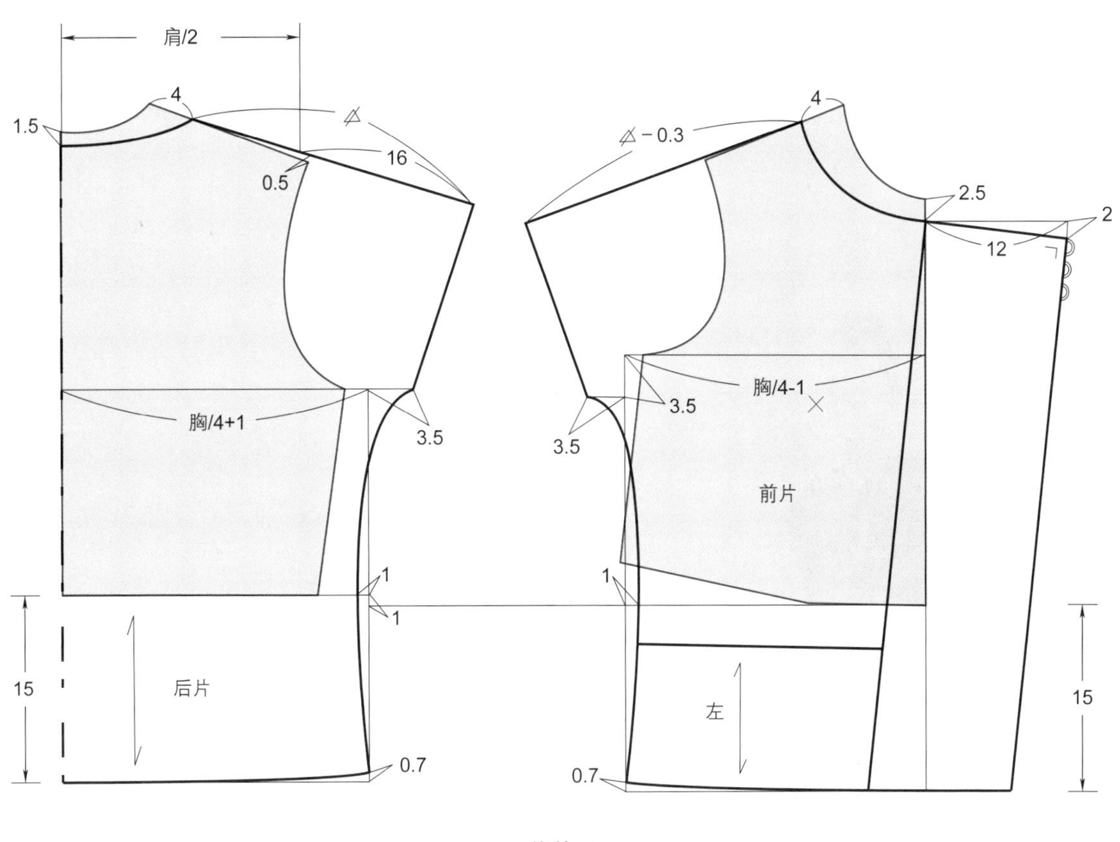

裁剪图

裁剪片数

前身片	2片	前贴边片	2片	前断身片	2片
后身片（整）	1片	后领贴边片（整）	1片	袢扣	3副

实例 3-10 亚麻几何图案镶嵌衣连领宽松套头式短衫

裁剪制作说明：

此款造型为衣连领半袖宽松套头式。面料采用棉麻素色材质；前衣身镶嵌了多色布料拼缝的几何图案，以突出传统的民间特色；领子的设计是在衣身裁片上分割出立领造型；胸口处设计了水滴造型与领子外口相连接并缝制一对手工盘扣；袖子为短袖。整个衣身的边缘处，可选用缉缝工艺制作。

效果图

款式图

规格确定

单位：cm

衣长	58
肩宽	38
胸围	100
袖长	23

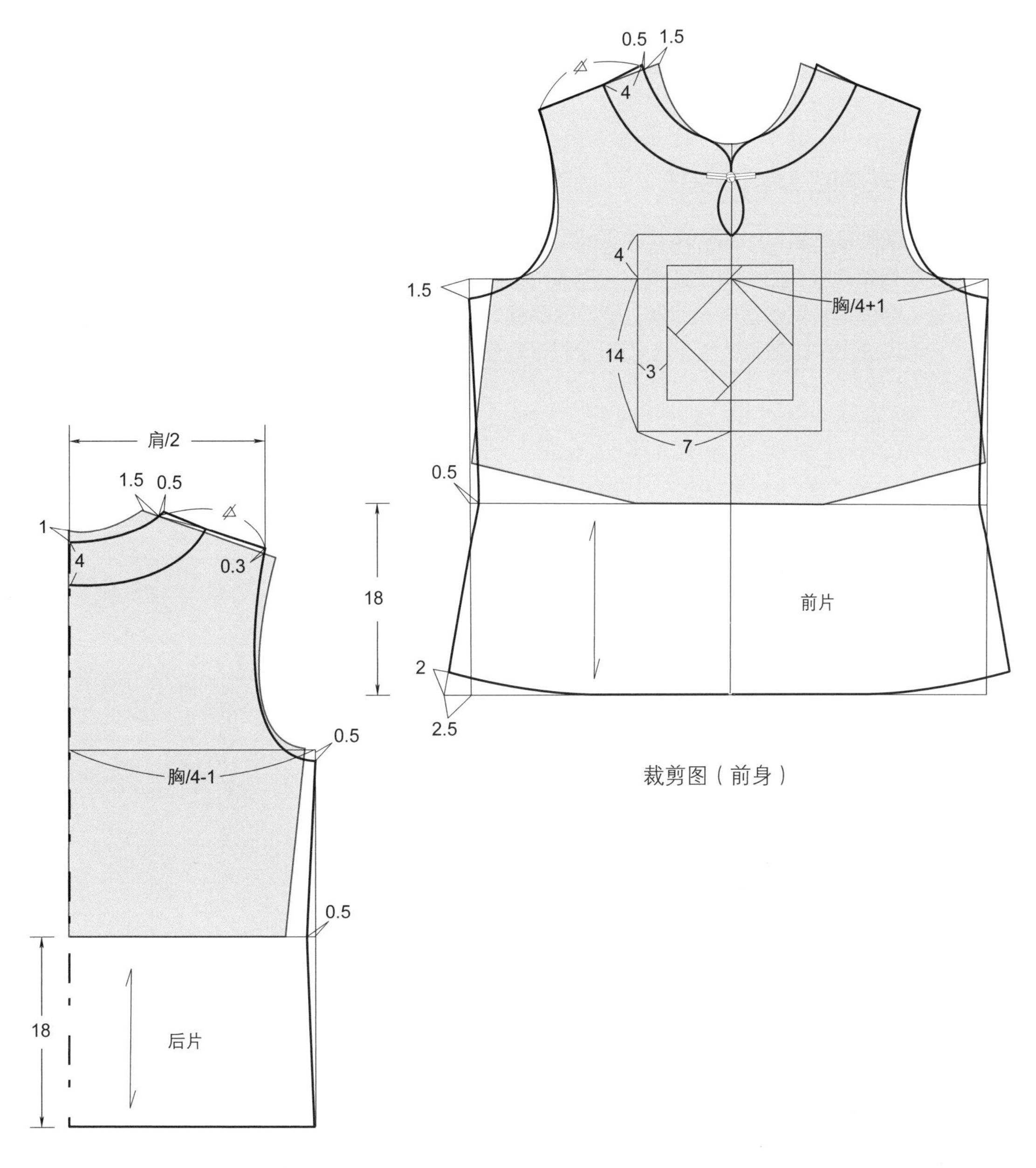

裁剪图（前身）

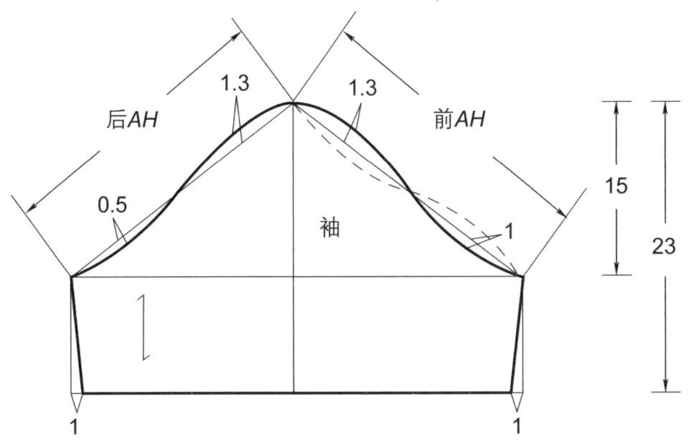

裁剪图（后身、袖）

裁剪片数

前身片（整）	1片
后身片（整）	1片
前领片	4片
后领面片（整）	2片
袖片	2片
前贴边片（整）	1片
图案片	6片
盘扣	1对

实例 3-11 中式复古斜襟印花衣连袖圆摆短衫

裁剪制作说明：

此款造型具备了传统中式服装的基本元素，由前身、后身、袖子、领子四部分组成。前衣身采用旗袍经典的右斜襟造型，大襟部位采用了字母暗扣；领子为传统的小立领；袖子为肩连袖；整体造型宽松适中。此外，在前后侧缝处略收腰的同时放大了下摆，圆摆的造型加入开衩元素以突出中式服装特色。其可选用棉质印花的面料制作。

效果图

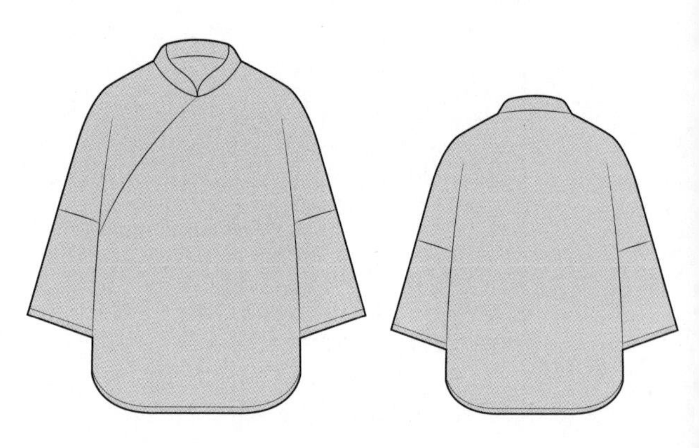

款式图

规格确定

单位：cm

衣长	59.5
肩宽	38
胸围	104
袖长	52
袖口	30

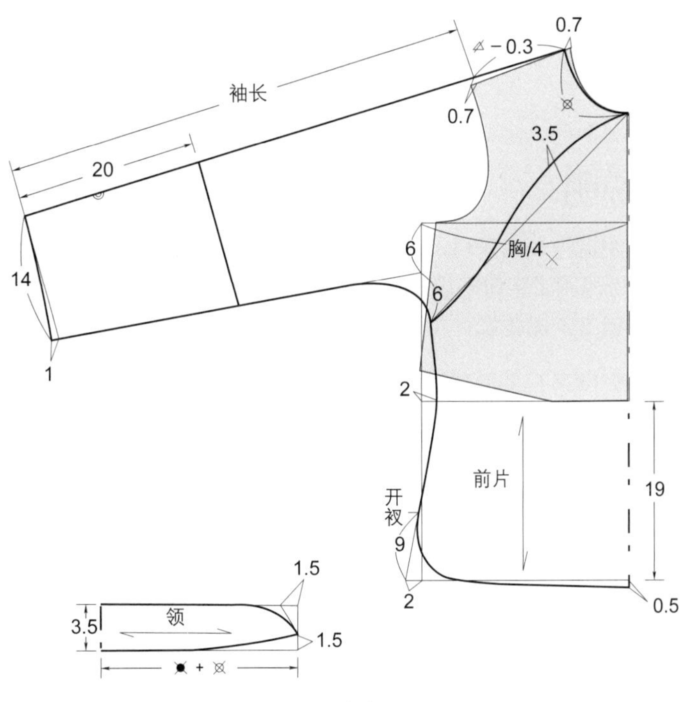

裁剪图（前身、领）

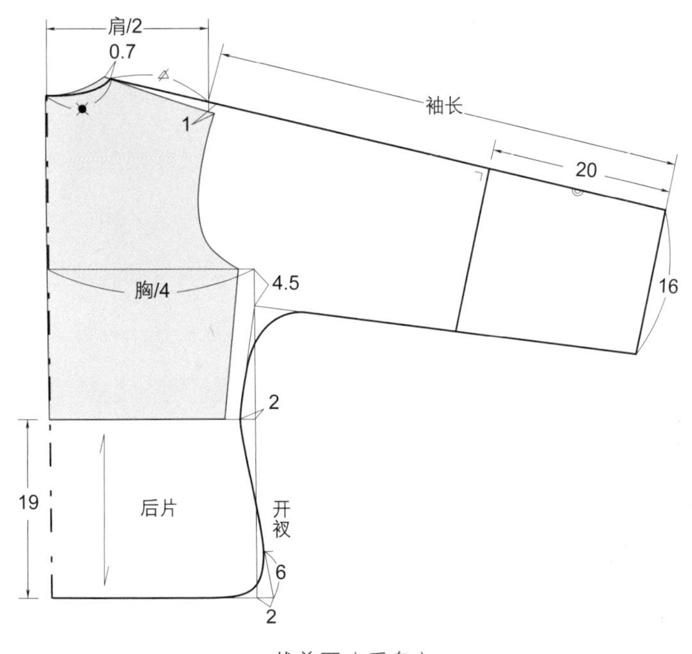

裁剪图（后身）

裁剪片数

前大襟片（整）	2片	袖分割片	2片	领面片（整）	1片
前右襟片	1片	后衣片（整）	1片	领里片（整）	1片

实例 3-12 中式复古田园斜襟立领短衫

裁剪制作说明：

此款为套头式休闲造型，由前身、后身、袖子、领子四部分组成。前衣身采用旗袍经典的右斜襟造型，大襟部位采用了字母暗扣；领子在传统的立领基础上加入了小翻领；袖子为中袖；整体造型呈A形松度适中；侧缝设计了较高的开衩。其翻领及袖口边采用了与衣身色调协调的素色面料制作。

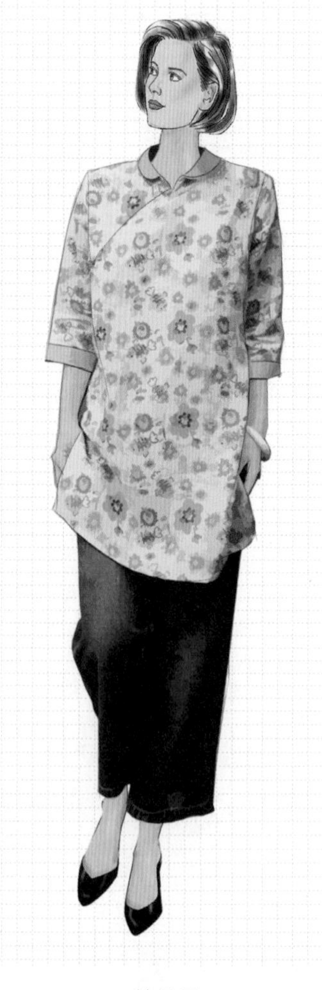

效果图

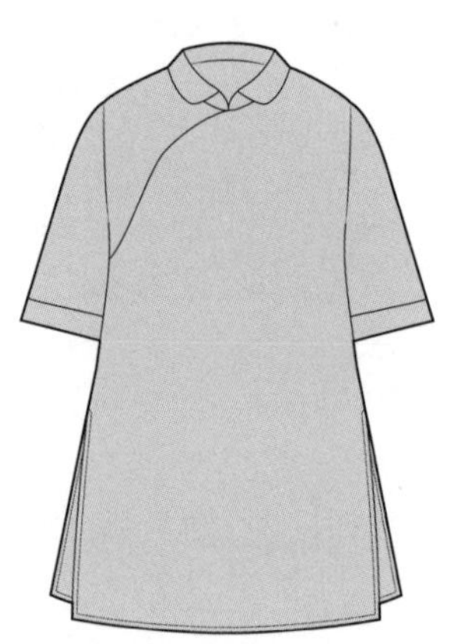

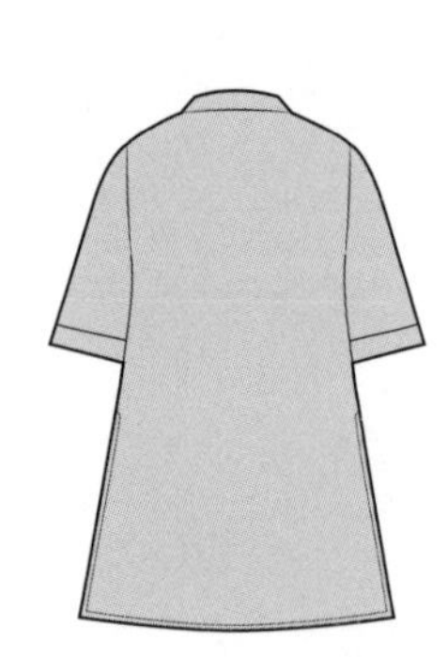

款式图

规格确定

单位：cm

衣长	75
肩宽	38
胸围	98
袖长	43

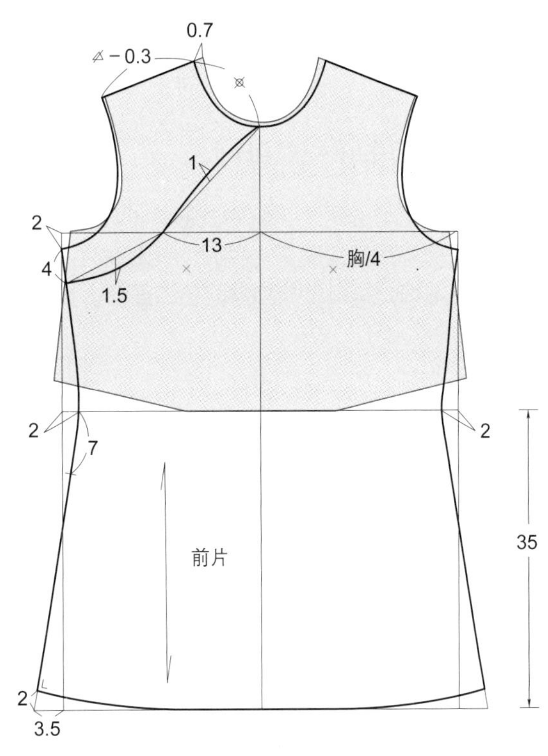

裁剪图（前身）

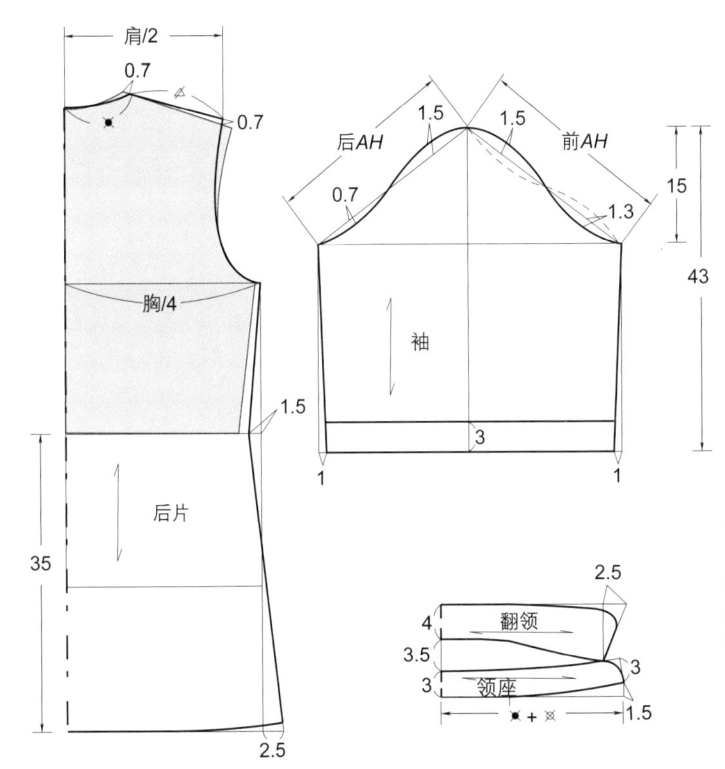

裁剪图（后身、领、袖）

裁剪片数

前大襟片（整）	1片
后衣片（整）	1片
前右襟片	1片
袖子片	2片
立领座片（整）	2片
翻领片（整）	2片
袖口边片	2片

实例 3-13 香云纱中式斜襟无领短衫

裁剪制作说明：

此款造型选用了传统中式服装的斜襟盘扣元素。其面料采用香云纱材质制作；前衣身为右斜襟裁剪，后衣身裁剪为整片；无领的圆领口造型设计；大襟上缝制三对手工盘扣；袖子为中袖并在袖口处拼接了与扣袢同色的面料。其前后下摆呈圆摆造型。

效果图

款式图

规格确定

单位：cm

衣长	62
肩宽	38
胸围	100
袖长	34

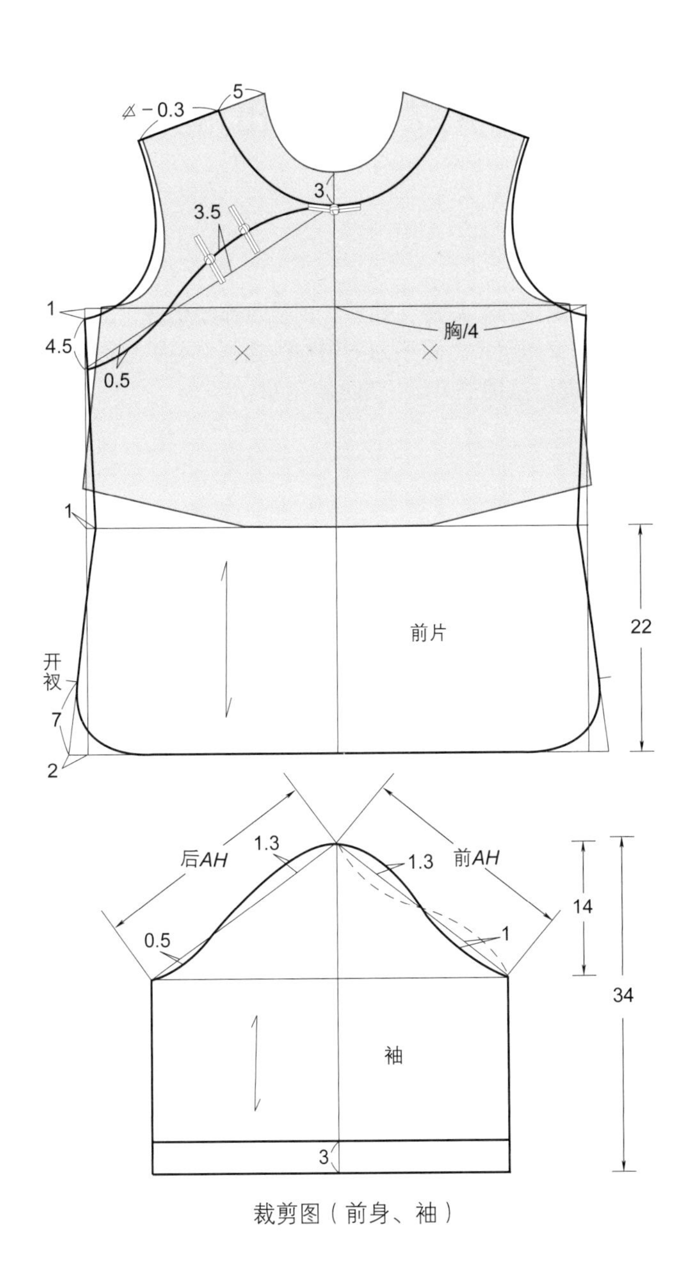

裁剪图（前身、袖）

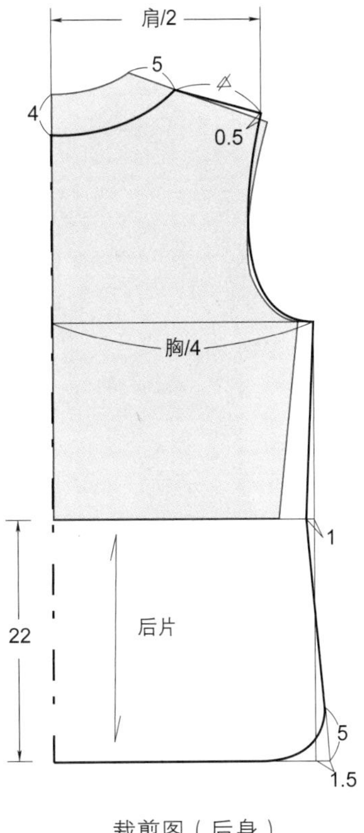

裁剪图（后身）

裁剪片数

前大襟片（整）	1片	前右襟片	1片	袖口边片	2片	后领口贴边（整）	1片
后衣片（整）	1片	袖子片	2片	前领口贴边	2片	扣袢	3对

实例 3-14 苎麻印花不对称立领长袖短衫

裁剪制作说明：

此款造型具备了传统中式服装的基本元素，由前身、后身、袖子、领子四部分组成。前衣身采用旗袍经典的右斜襟造型，大襟部位采用了字母暗扣；领子为不对称的立领；袖子为圆装长袖；整体造型宽松适中，可套头穿着。其制作时，选用苎麻印花的面料制作。

效果图

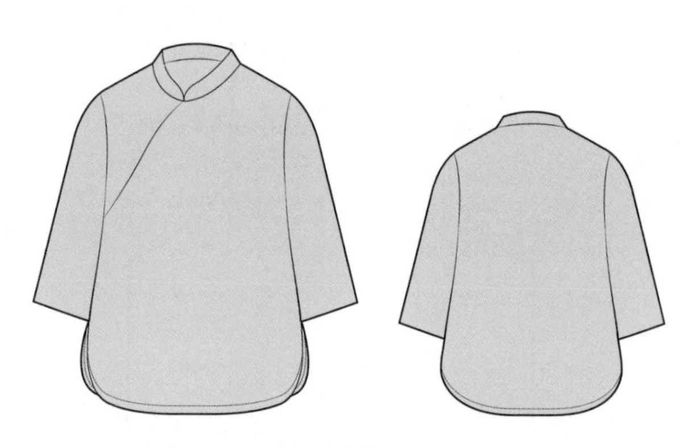

款式图

规格确定

单位：cm

衣长	58
肩宽	38
胸围	98
袖长	52

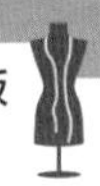

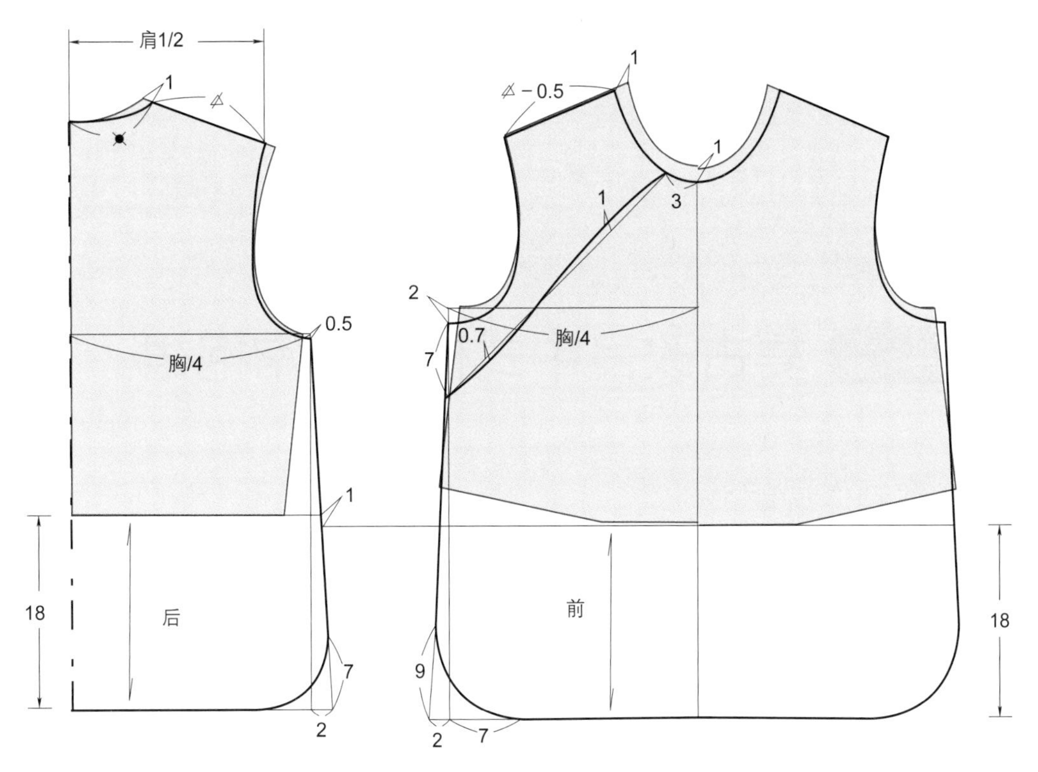

裁剪图（身）

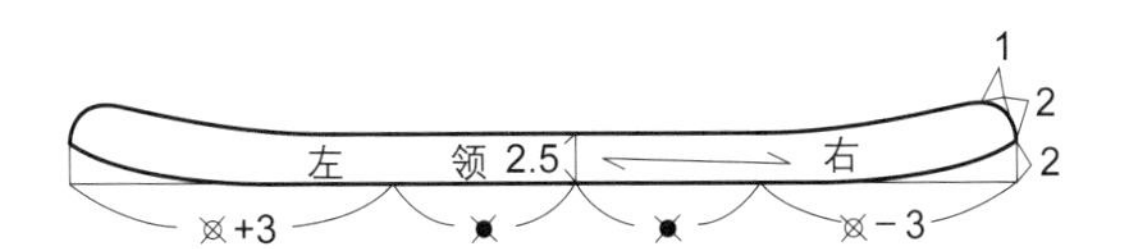

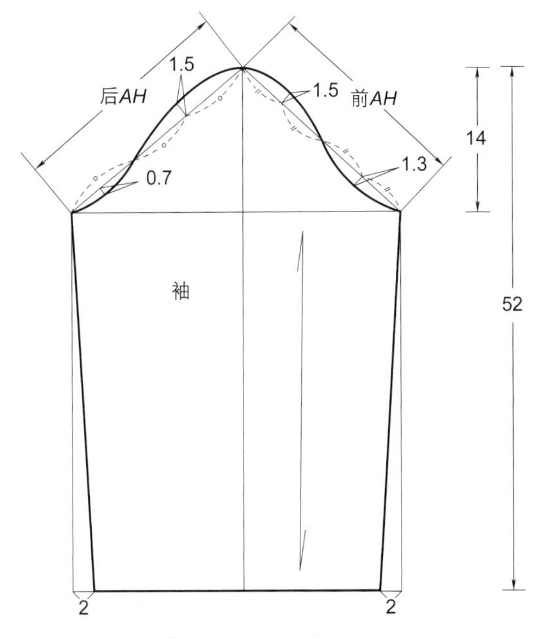

裁剪图（领、袖）

裁剪片数

前大襟片（整）	1片
后衣片（整）	1片
前右襟片	1片
袖子片	2片
领面片（整）	1片
领里片（整）	1片

第4章 中式袍服的裁剪制作与制板

实例 4-1 复古改良中式棉麻日常袍裙

裁剪制作说明：

此款造型具备了传统中式服装的基本元素，由前身、后身、袖子、领子四部分组成，是一款松度适中的袍裙。前衣身采用旗袍斜襟造型，手工盘制的一字蒜盘扣共4对；领子为传统服装的中式立领；中长袖的设计；前后腰身在侧缝处略收的同时放大衣摆呈A形；两边侧缝处设计了侧插袋；下摆加入了旗袍元素的开衩。其裁剪制作的面料，可选用棉、麻等天然纤维制作。

效果图

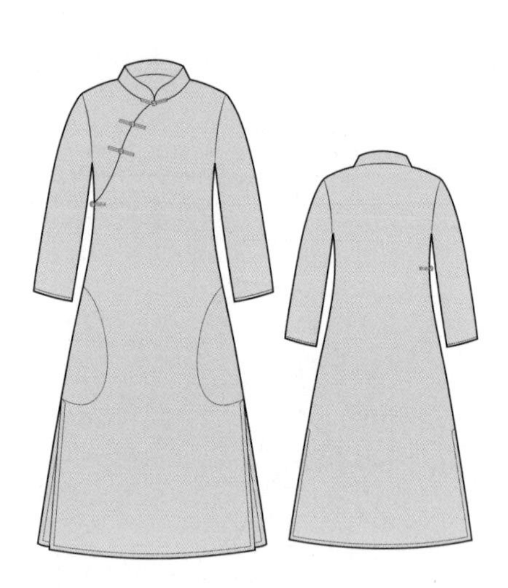

款式图

规格确定

单位：cm

衣长	106
肩宽	39
胸围	96
袖长	45
袖口	28

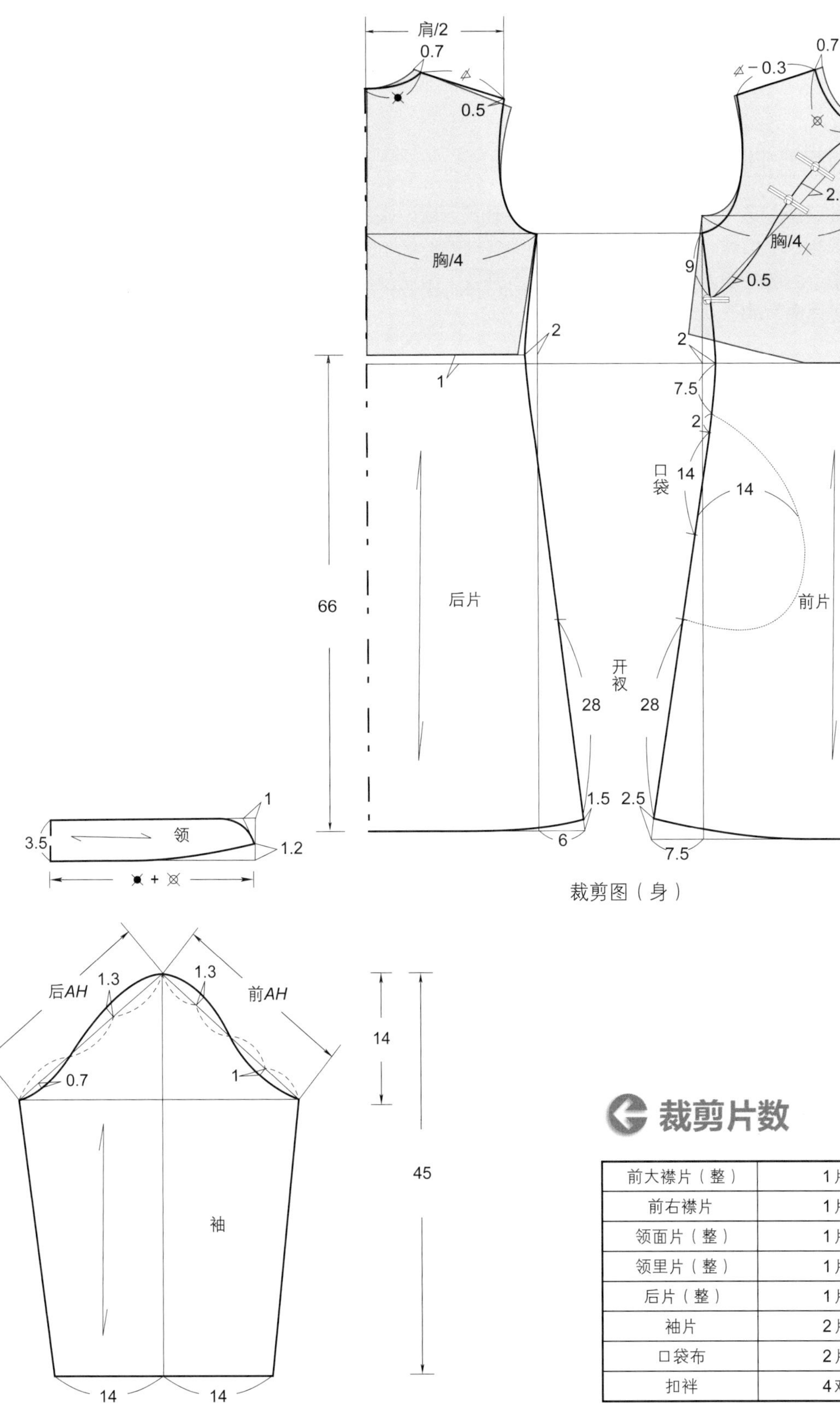

裁剪图（身）

裁剪图（袖，领）

裁剪片数

前大襟片（整）	1片
前右襟片	1片
领面片（整）	1片
领里片（整）	1片
后片（整）	1片
袖片	2片
口袋布	2片
扣袢	4对

实例 4-2 苎麻春季斜襟改良袍裙

裁剪制作说明：

此款造型选用了中式服装中的斜襟、开衩元素，由前身、后身、袖子三部分组成。前衣身斜襟采用5个扣袢；领子为V形领口；中长袖的设计；前后腰身在侧缝处略收的同时放大衣摆呈A形；侧缝处加入了旗袍元素的开衩；开衩、裙摆及袖口采用绢缝工艺制作。其裁剪的面料选用舒适透气的苎麻印花面料。

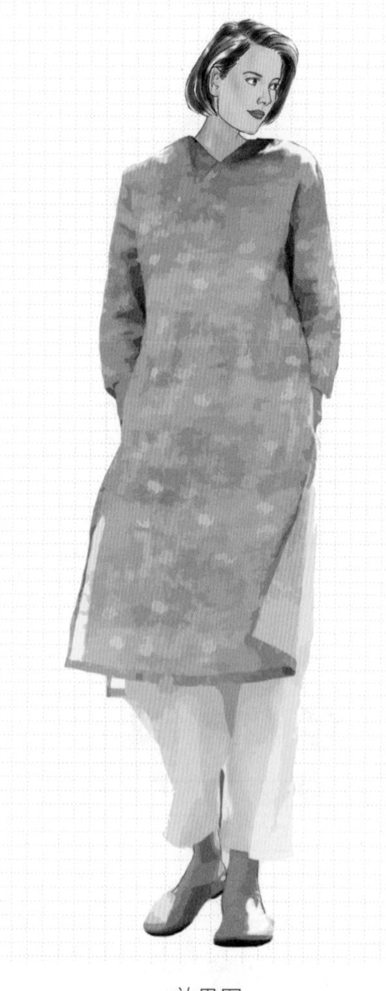

效果图

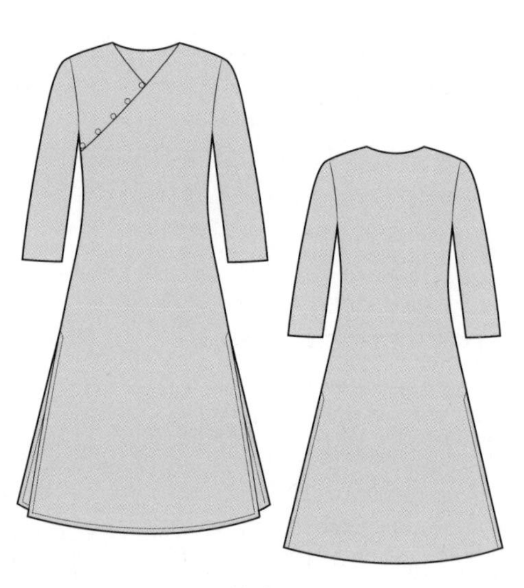

款式图

规格确定

单位：cm

衣长	100
肩宽	39
胸围	98
袖长	39
袖口	30

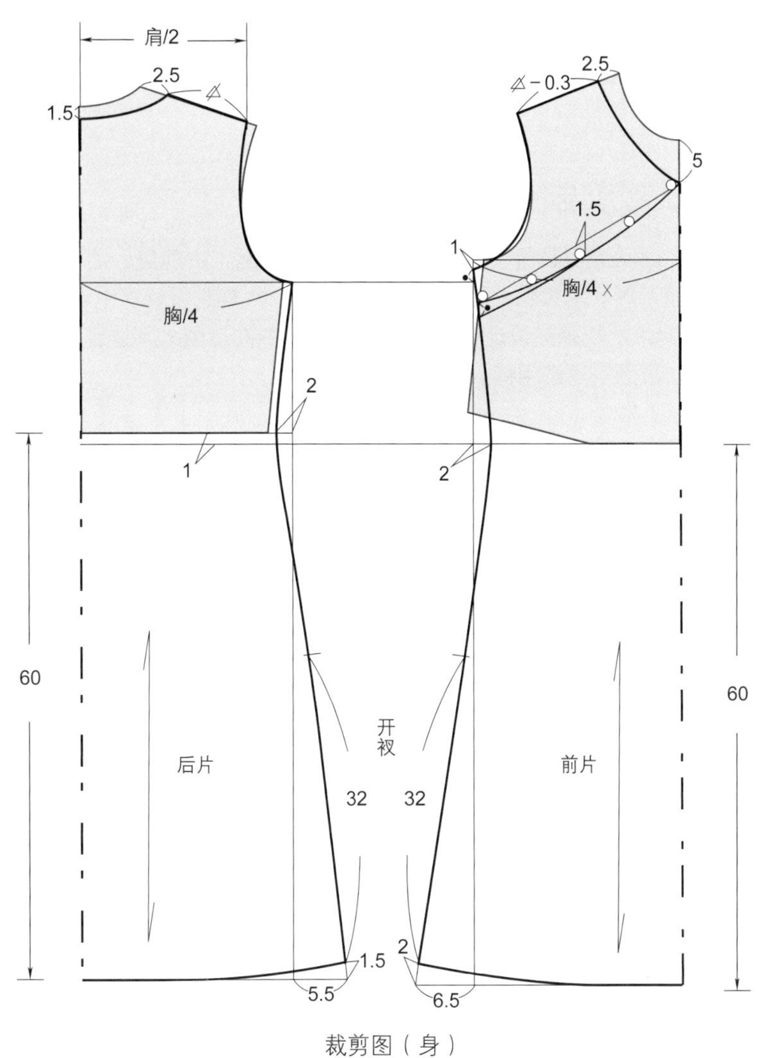

裁剪图（身）

裁剪图（袖）

裁剪片数

前大襟片（整）	1片
前右襟片	1片
前领贴边片	2片
大襟贴边片	1片
后片（整）	1片
袖片	2片
后领贴边（整）	1片
扣袢	5副

实例 4-3 中式立领宽松中长款袍裙

裁剪制作说明：

此款造型具备了传统中式服装基本元素，由前身、后身、袖子、领子四部分组成。袍裙整体呈A形。前大襟、后衣身为整片裁剪，大襟共设计了10对手工盘制的盘扣；中式立领的宽度为6cm；长袖的设计在穿着时可翻转为中袖造型；下摆缝加入了开衩，左侧的开衩上缝制了盘扣。其面料可选用棉、麻等天然纤维制作。

效果图

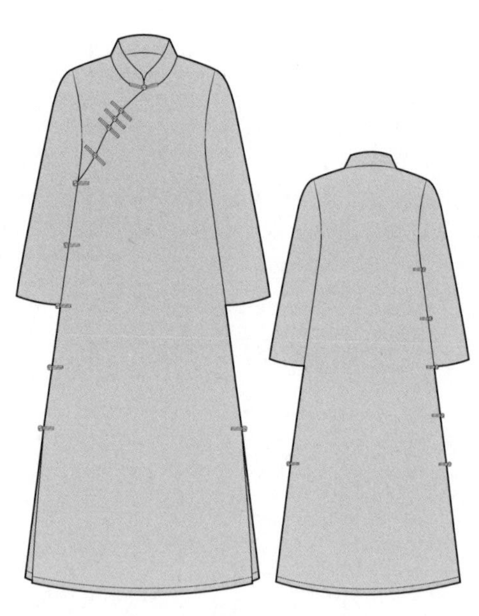

款式图

规格确定

单位：cm

衣长	119
肩宽	39
胸围	100
袖长	53

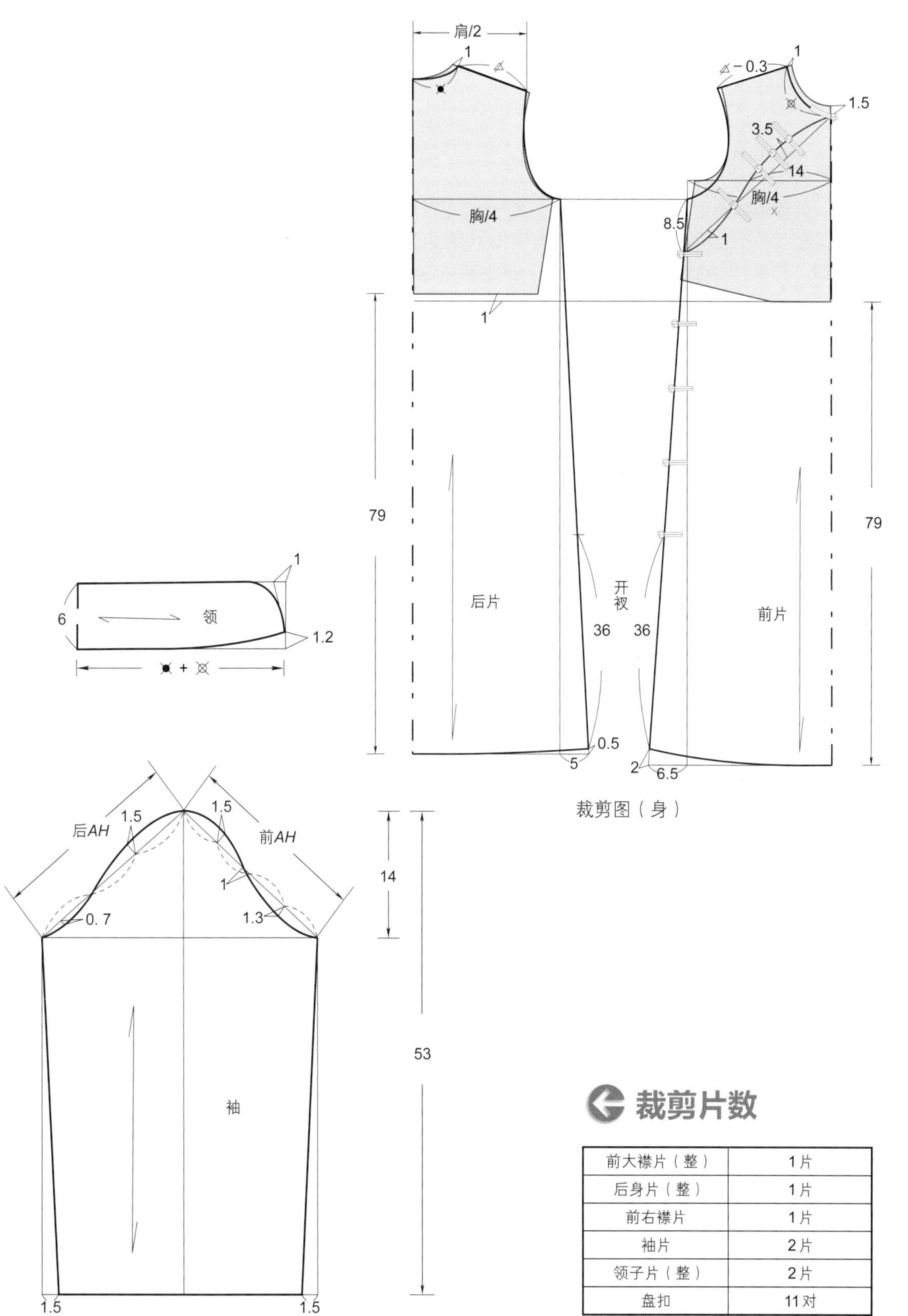

裁剪图（身）

裁剪图（袖、领）

裁剪片数

前大襟片（整）	1片
后身片（整）	1片
前右襟片	1片
袖片	2片
领子片（整）	2片
盘扣	11对

实例 4-4 唐装中长款中式袍服

裁剪制作说明：

此款袍裙选用了中式旗袍的斜大襟元素，由前身、后身、袖子三部分组成。前大襟、后衣身为整片裁剪，大襟共设计了6对一字扣；圆领口、中长袖造型；下摆缝加入了开衩，大襟、领口、开衩、底边选用缉缝工艺制作。其面料可选用棉、麻等天然纤维制作。

效果图

款式图

规格确定

单位：cm

衣长	89
肩宽	38
胸围	98
袖长	36

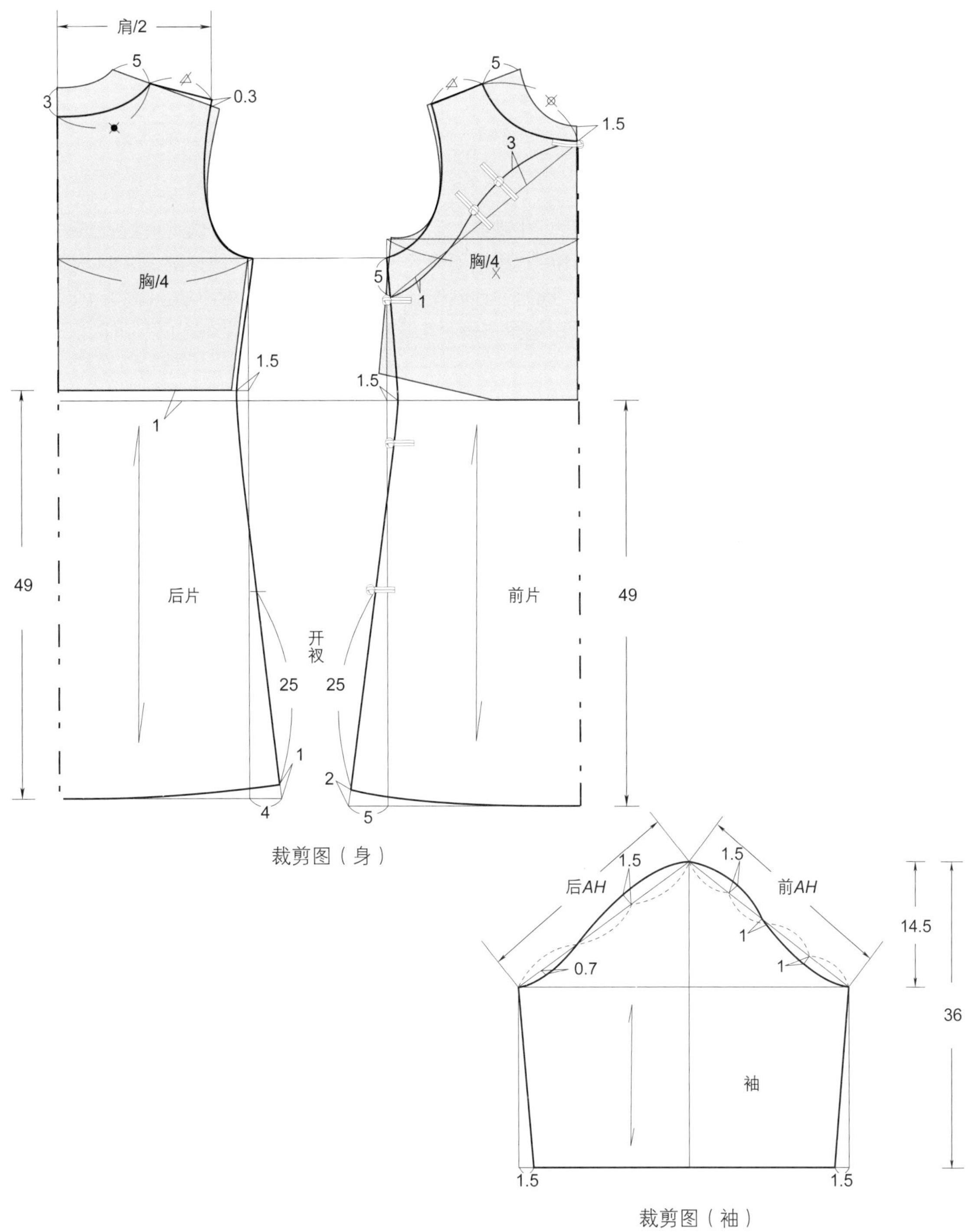

裁剪图（身）

裁剪图（袖）

裁剪片数

前大襟片（整）	1片	大襟、左领口贴边片	1片
前右襟片	1片	右襟、右领口贴边片	1片
后片（整）	1片	后领口贴边片（整）	1片
袖片	2片	扣袢	6对

实例 4-5 中长款中式复古春夏袍裙

裁剪制作说明：

此款袍裙为宽松舒适的套头式造型，由前身、后身、袖子三部分组成。选用真丝雪纺印花面料制作，前、后衣身配有里布；采用中式旗袍斜襟元素，在前右身设计成分割线造型；流畅的弧线上不仅夹缝了装饰性的蒜盘扣，而且设计制作了一个插袋。其后衣身为整片裁剪；圆领口、长袖造型；下摆缝加入了开衩，领口与里布采用勾缝；开衩、袖口选用绢缝工艺制作。

效果图

款式图

规格确定

单位：cm

衣长	103
肩宽	40
胸围	104
袖长	45

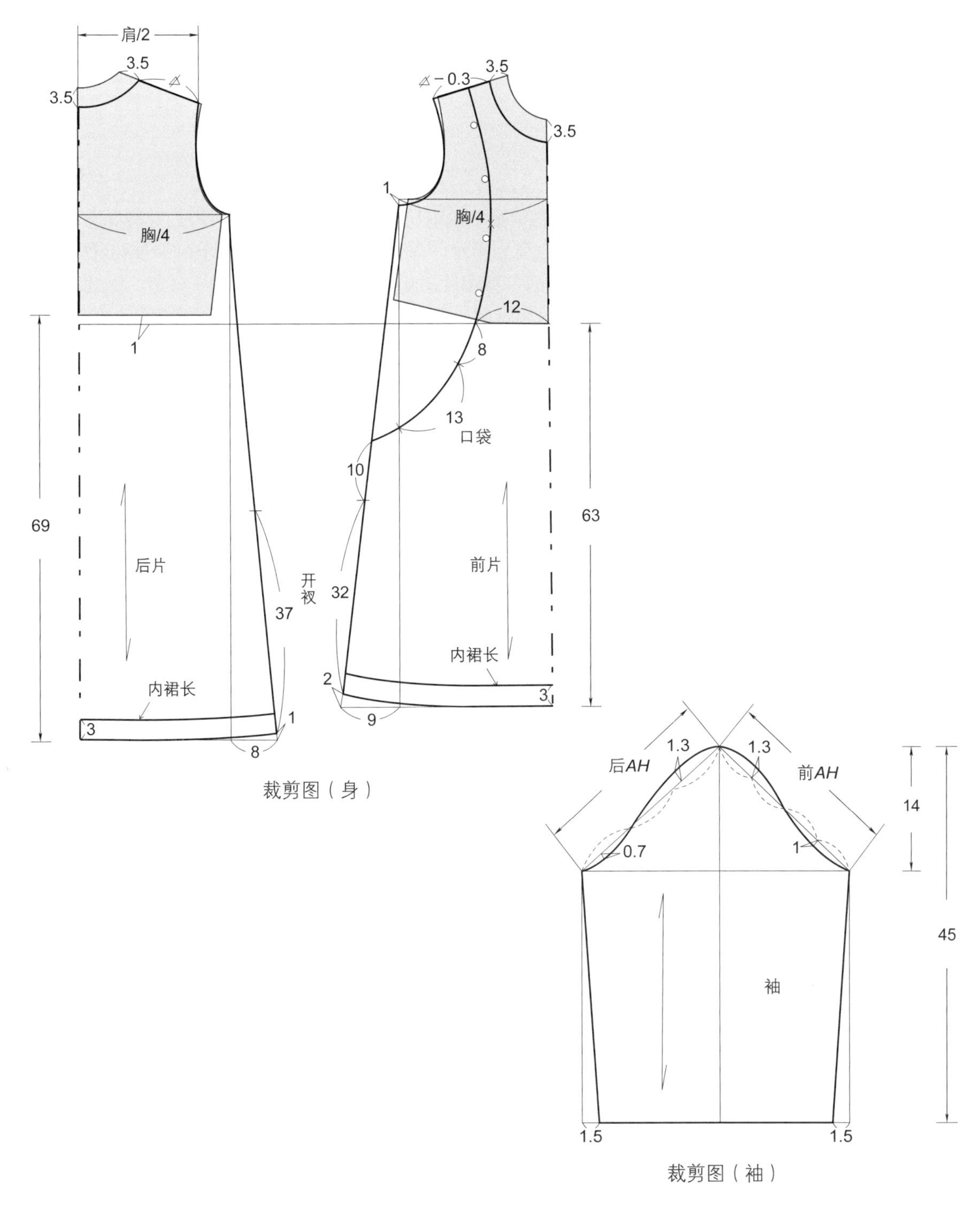

裁剪图（身）

裁剪图（袖）

裁剪片数

左大襟片（整）	1片	袖片	2片
右襟片	1片	口袋布	2片
后片（整）	1片	扣袢	4个

实例 4-6 棉麻中式盘扣对襟袍衫

裁剪制作说明：

此款袍衫借鉴了中式旗袍的盘扣及开衩元素，由前身、后身、袖子三部分组成。前身为对襟裁剪共设计了7对手工盘制蒜盘扣；后衣身为整片；圆领口设计较大，采用斜条布勾缝制作；长袖的造型可在穿着时随意挽起。其前、后衣身裁片在侧缝处略收的同时加大下摆量，侧缝加入了开衩；领口、开衩、底边及袖口边采用绢缝工艺制作。其面料可选用棉、麻等天然纤维制作。

效果图

款式图

规格确定

单位：cm

衣长	105
肩宽	41
胸围	101
袖长	60

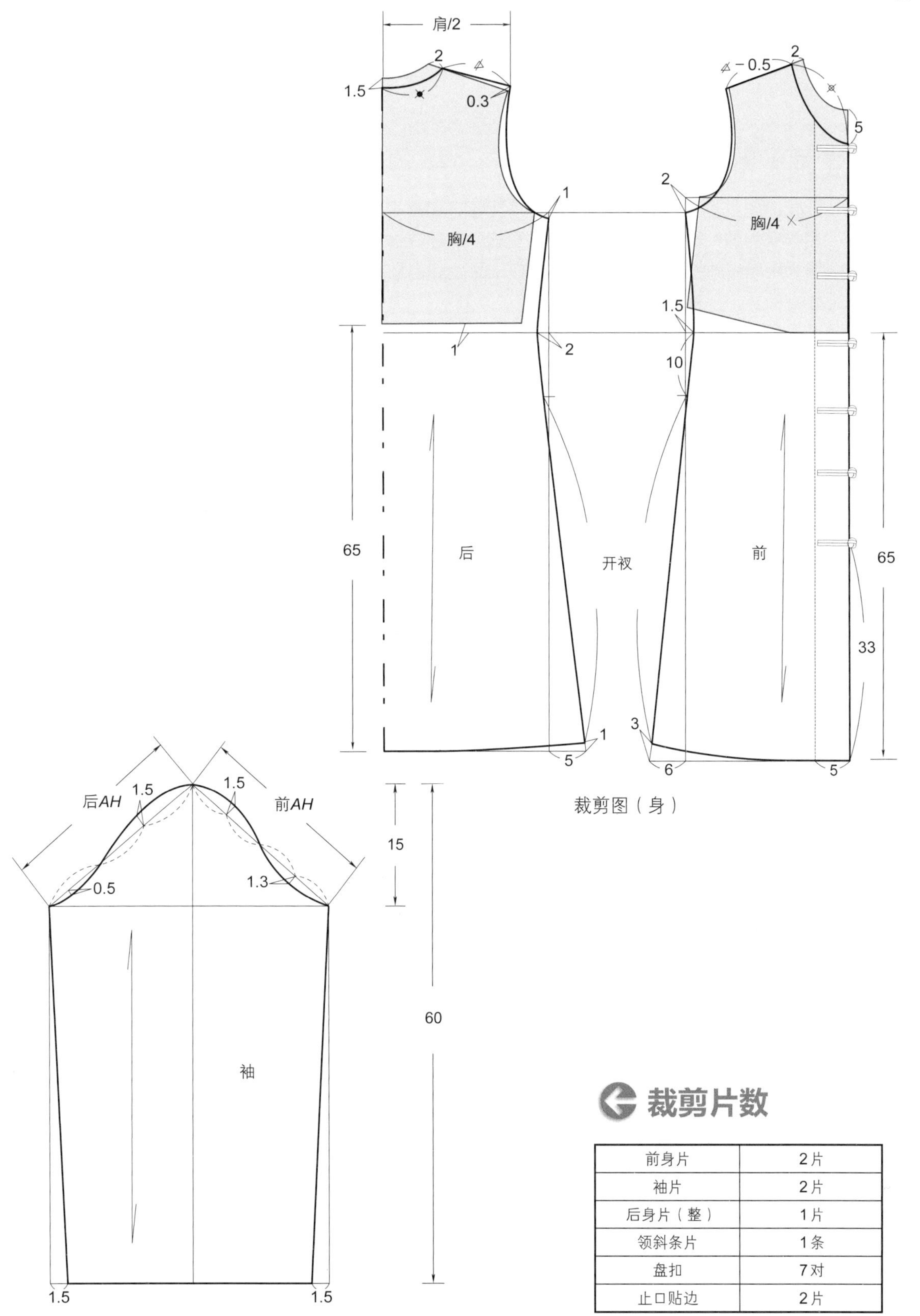

裁剪图（身）

裁剪图（袖）

裁剪片数

前身片	2片
袖片	2片
后身片（整）	1片
领斜条片	1条
盘扣	7对
止口贴边	2片

实例 4-7 立领改良唐装复古夏季袍裙

裁剪制作说明：

此款造型具备了传统中式服装的基本元素，由前身、后身、袖子、领子四部分组成。前大襟、后衣身为整片裁剪，衣身整体较为宽松。此款衣身及袖子选用丝麻印花面料，立领与大襟的绲边采用与其颜色协调的面料；侧缝的开衩 、底边及袖口边采用缉缝工艺制作。

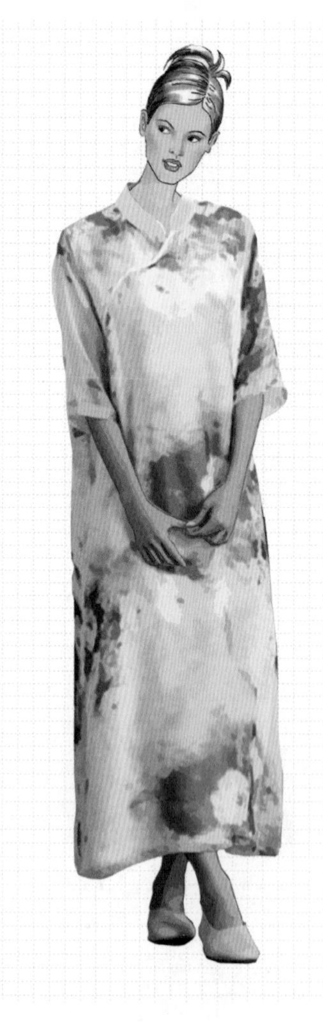

效果图

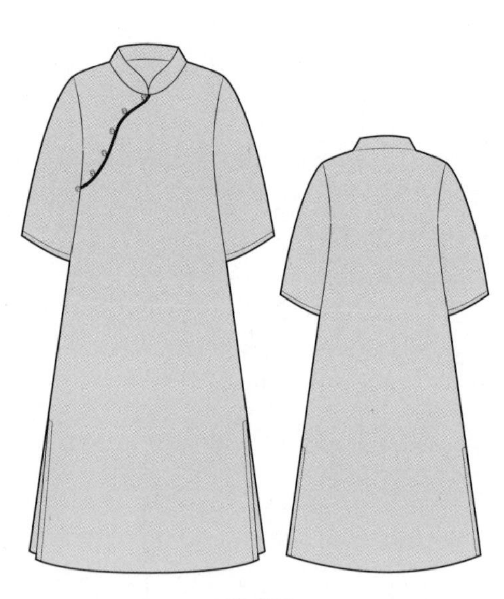

款式图

规格确定

单位：cm

衣长	114
肩宽	38
胸围	106
袖长	35

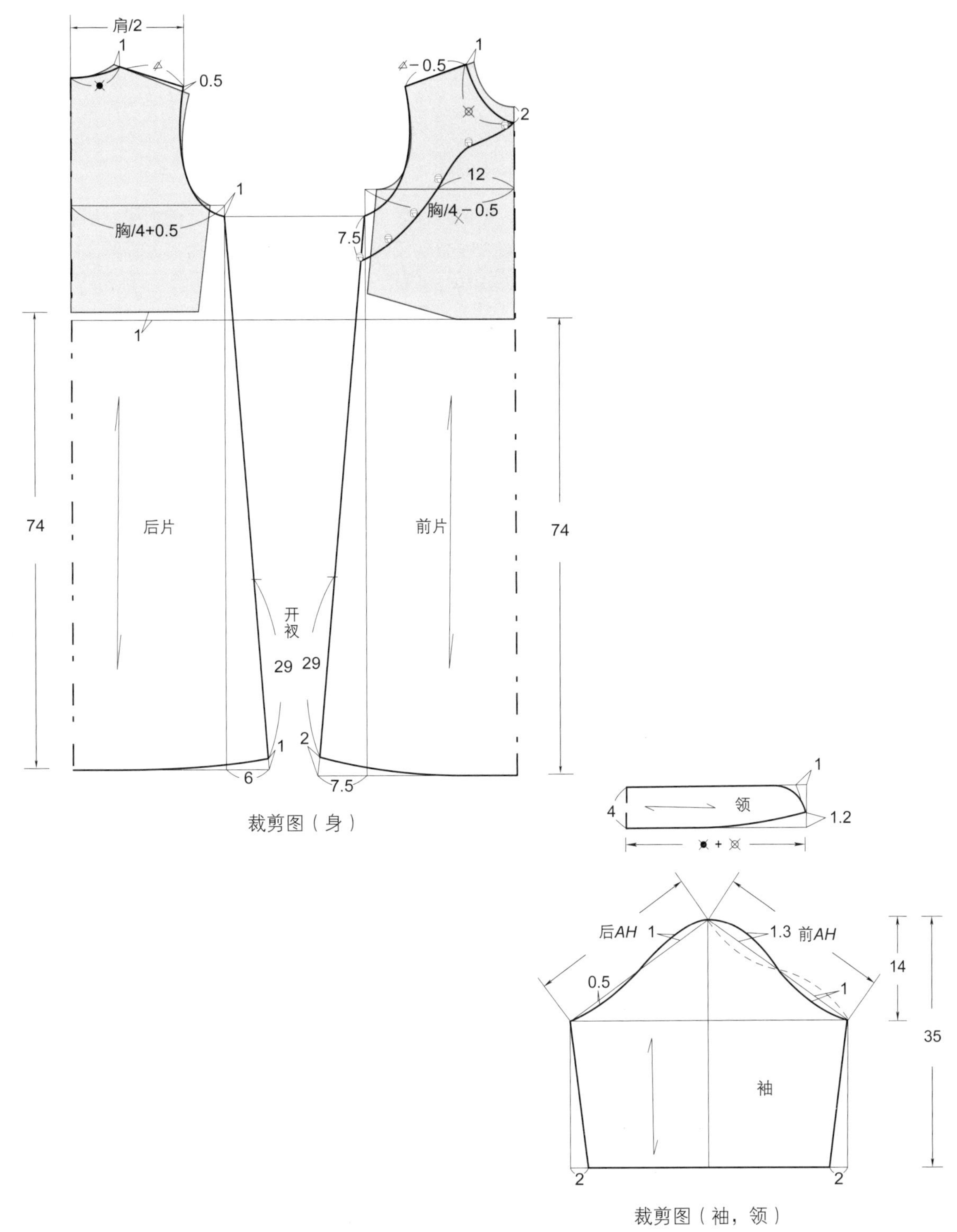

裁剪图（身）

裁剪图（袖，领）

裁剪片数

前大襟片（整）	1片	前右襟片	1片	领子片（整）	2片
后身片（整）	1片	袖片	2片	扣袢	6副

实例 4-8 中式斜襟复古长衫式袍裙

裁剪制作说明：

此款袍裙选用了中式旗袍的斜大襟元素，由前身、后身、袖子三部分组成。前大襟、后衣身为整片裁剪，圆领口、衣连袖造型；领口与大襟呈现流畅的曲线造型，半开合的大襟配上实用性的蒜盘扣，下面还制作了插袋；大襟及领口采用绲边工艺。其面料可选用苎麻印花面料制作。

效果图

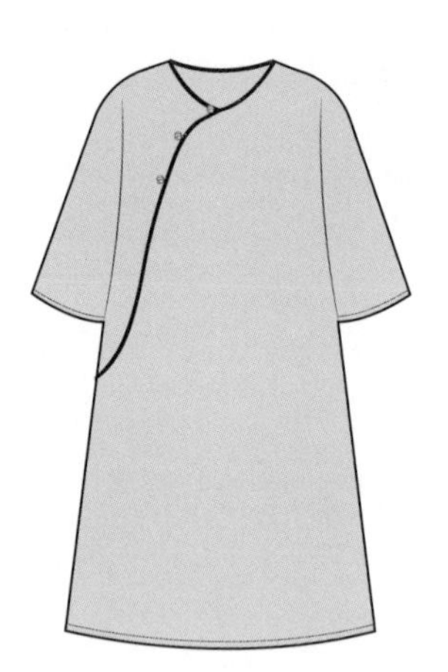

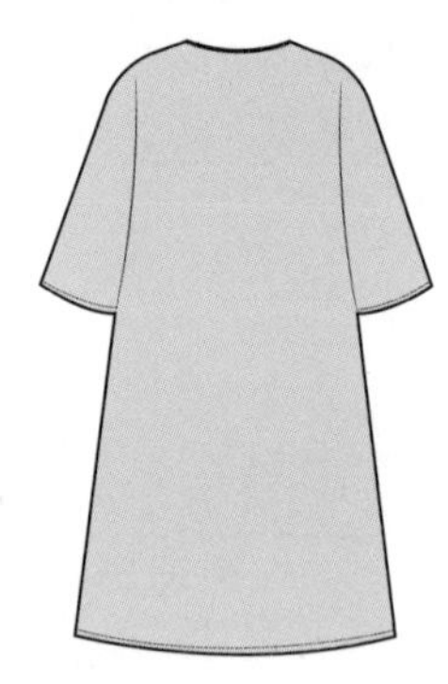

款式图

规格确定

单位：cm

衣长	86
肩袖长	44.5
胸围	104
袖口	38

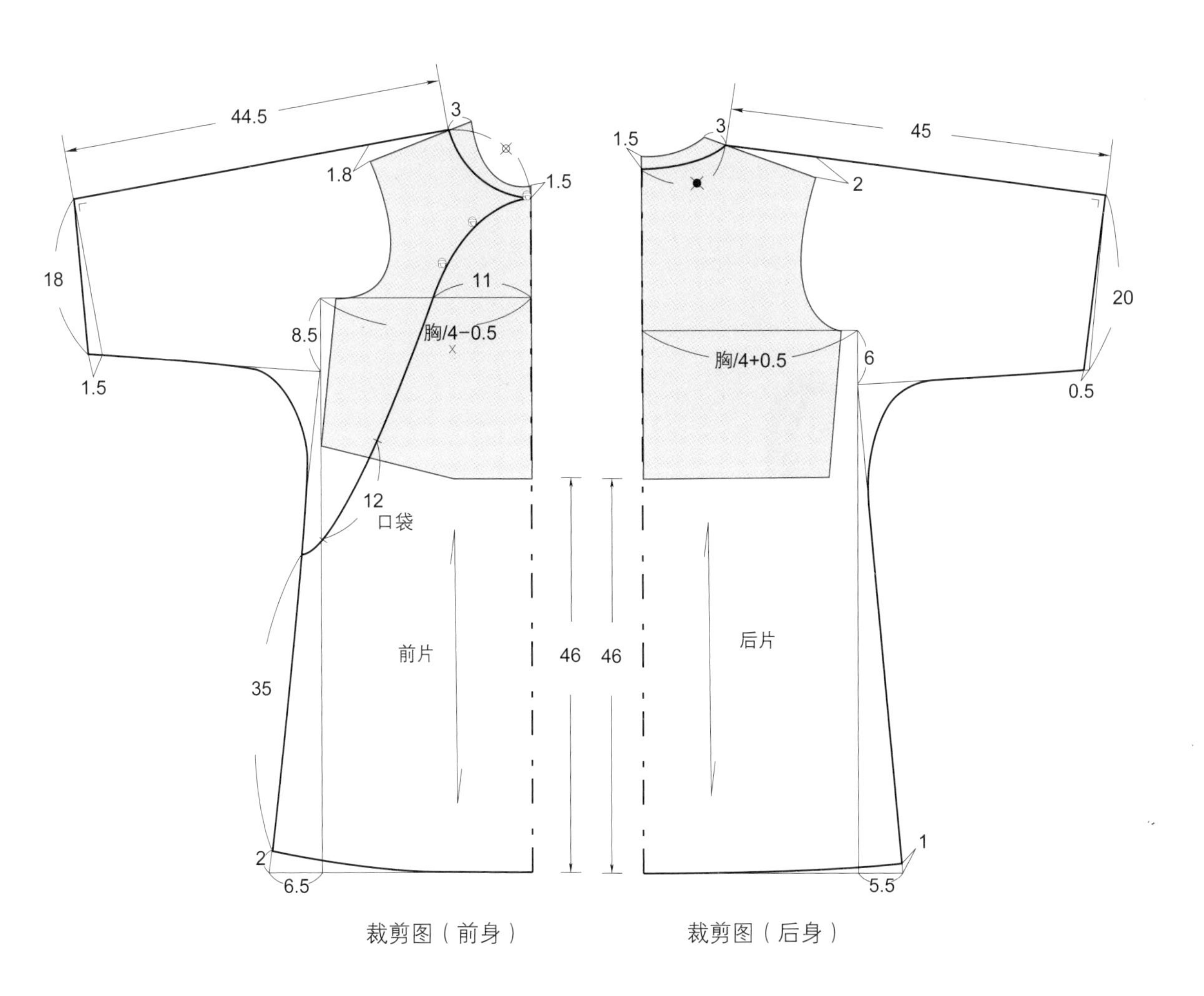

裁剪图（前身）　　裁剪图（后身）

裁剪片数

左大襟片（整）	1片	口袋布	2片
右襟片	1片	扣袢	3对
后片（整）	1片	绲边条	1条

实例 4-9 夏季短袖印花复古双襟袍裙

裁剪制作说明：

此款造型为对称双襟窄立领半袖宽松袍裙，由前身、后身、袖子、领子四部分组成。前大襟、后衣身为整片裁剪，衣身的下摆宽大；侧缝两边设计了插袋。双大襟制作方法有两种：可将一侧的大襟制作为可开合的，也可将双襟的第二对盘扣以上部位制作成可开合的。此款袍裙可采用丝棉麻印花面料，大襟的绲边及手工盘制的一字扣选用与衣身相同的素色缝制。

效果图

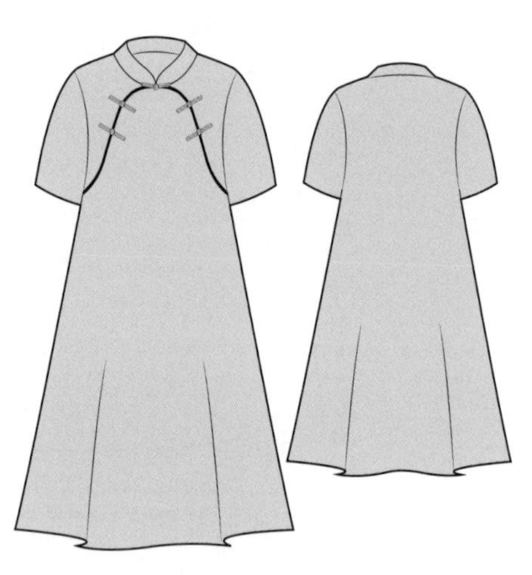
款式图

规格确定

单位：cm

衣长	120
肩宽	40
胸围	102
袖长	29
袖口	30

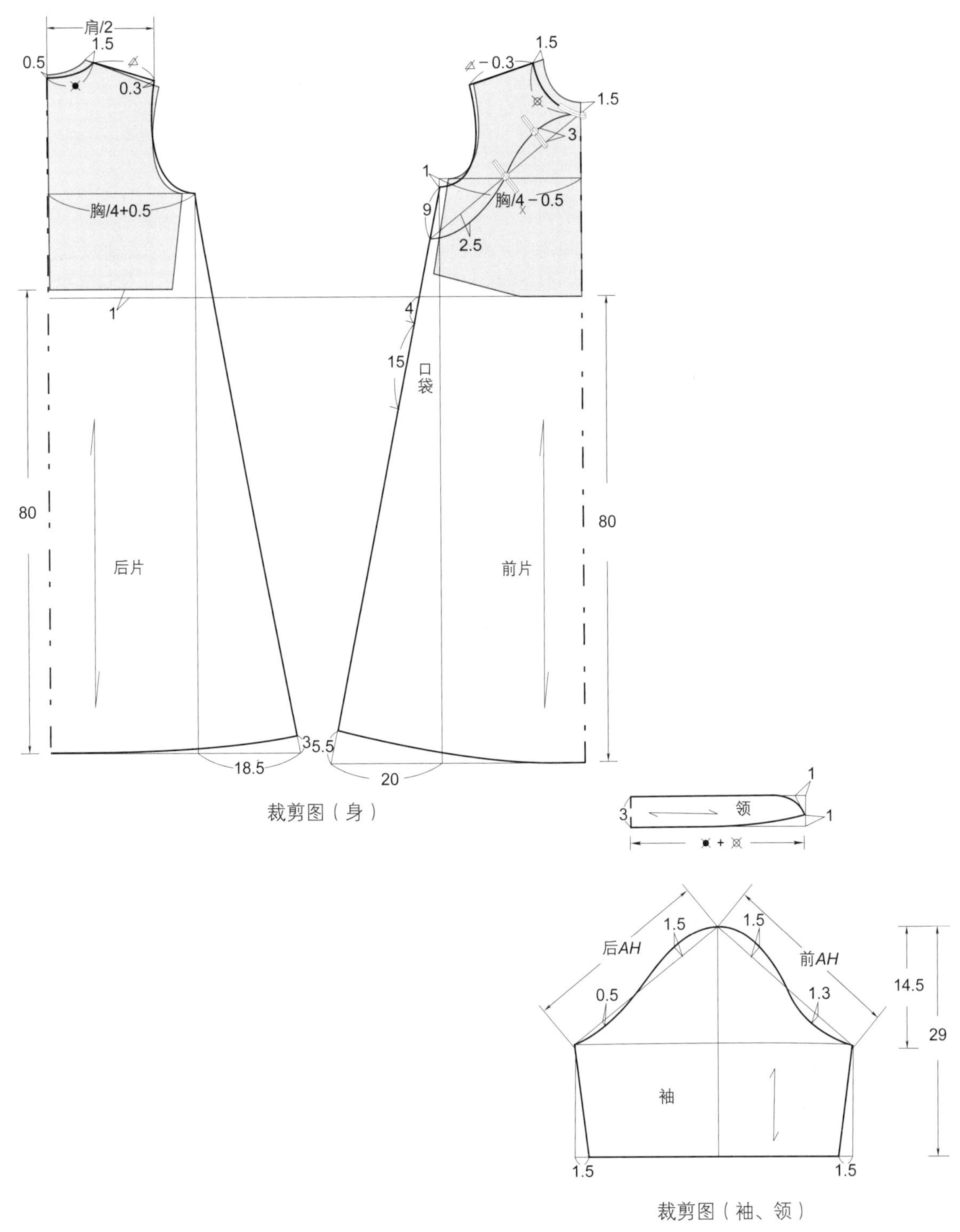

裁剪图（身）

裁剪图（袖、领）

裁剪片数

前大襟片（整）	1片	前底襟片	2片	领面片（整）	1片	绲边条	2条
后身片（整）	1片	袖片	2片	领里片（整）	1片	扣袢	5对

实例 4-10 短袖修身改良唐装旗袍裙

裁剪制作说明：

此款造型具备了传统中式旗袍的要素。面料采用素色纯棉制品，内层搭配了与其色调协调的印花薄纱，袖子为单层缝制；扣袢采用手工盘制花扣，前身大襟与领子的绲边、扣袢均采用内裙印花薄纱工艺制作。其大襟为不可开的装饰造型；旗袍衣身的胸围及腰围的规格设计较为合体；前衣身绘制有腋下省，后衣身中缝有收腰，制作时可缝制拉链。

效果图

款式图

规格确定

单位：cm

外裙长	110
内裙长	120
肩宽	38
胸围	92
袖长	22
腰围	74

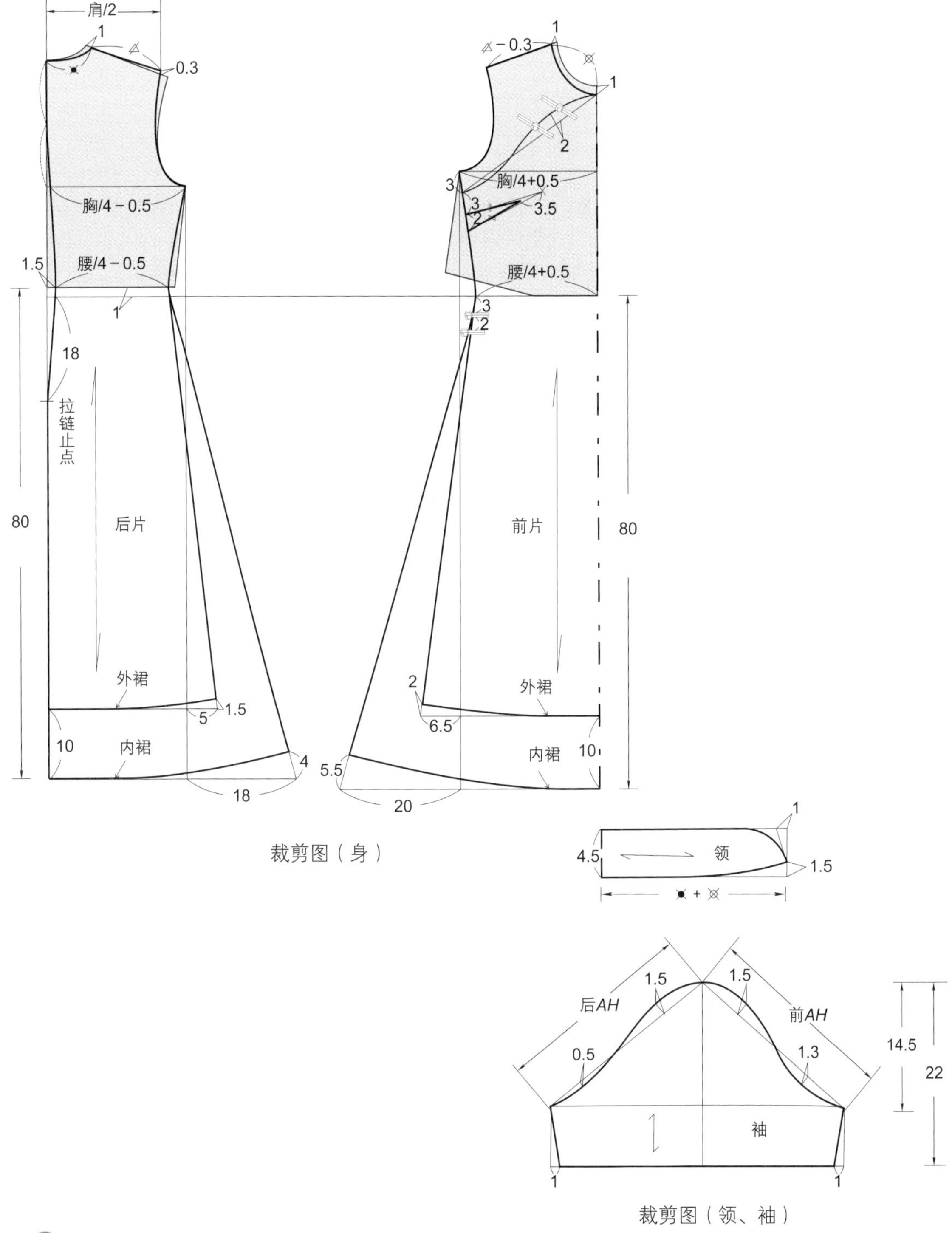

裁剪图（身）

裁剪图（领、袖）

裁剪片数

前大襟片（整）	1片	袖片	2片	前内裙片（整）	1片
前右襟片	1片	领子片	4片	后内裙片	2片
后身片	2片	绲边条	2条	扣袢	6对

实例 4-11 春秋复古长款旗袍裙

裁剪制作说明：

此款袍裙借鉴了传统的旗袍元素，由前身、后身、袖子、领子四部分组成。袍裙整体宽松适中，前大襟、后衣身为整片裁剪；大襟共设计了10对手工盘制的一字蒜盘扣；中式立领的宽度为4cm；中长袖造型；下摆缝加入了开衩。其裁剪制作的面料，可选用苎麻等天然纤维制作。

效果图

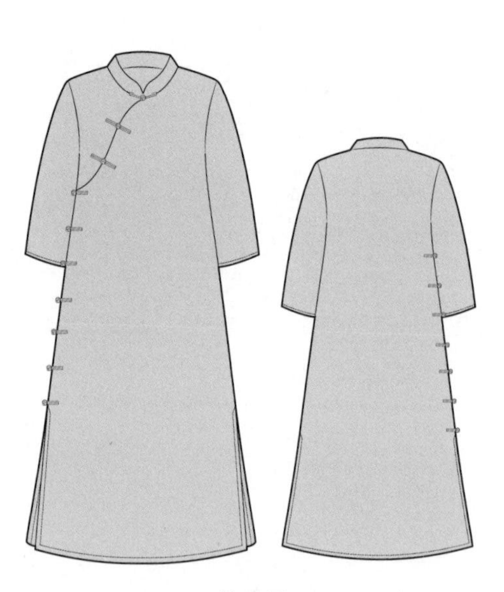

款式图

规格确定

单位：cm

衣长	124
肩宽	40
胸围	102
袖长	46
袖口	28

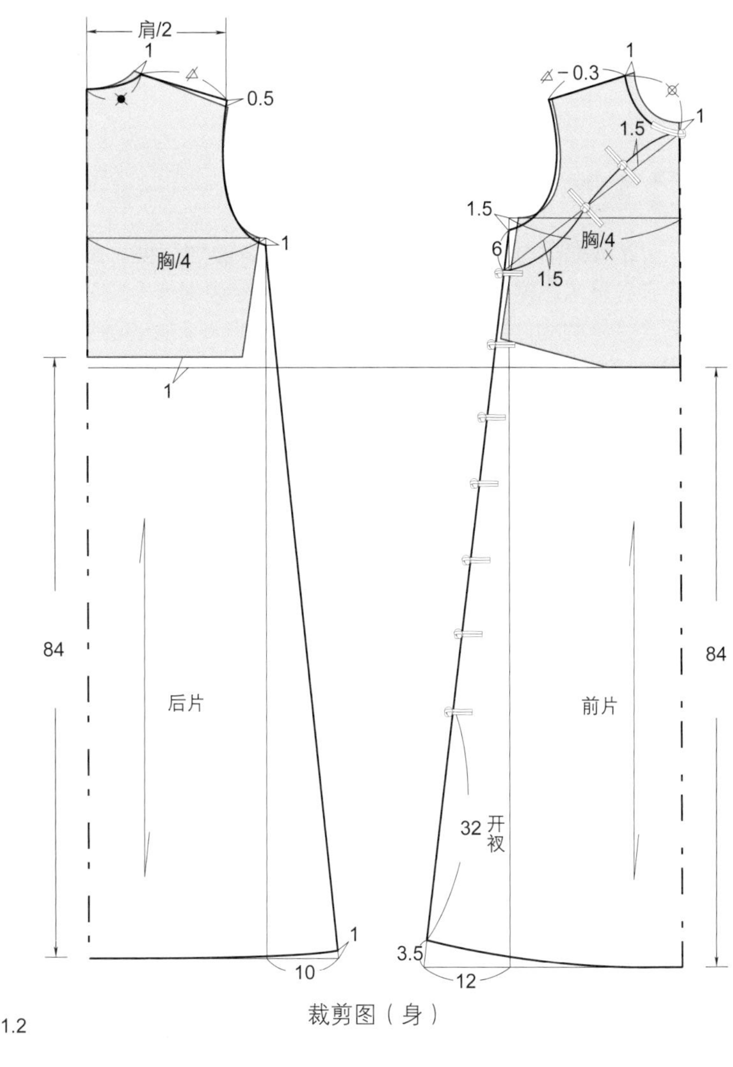

裁剪图（身）

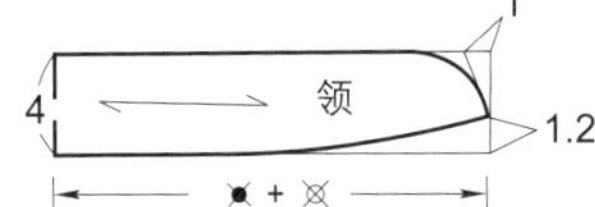

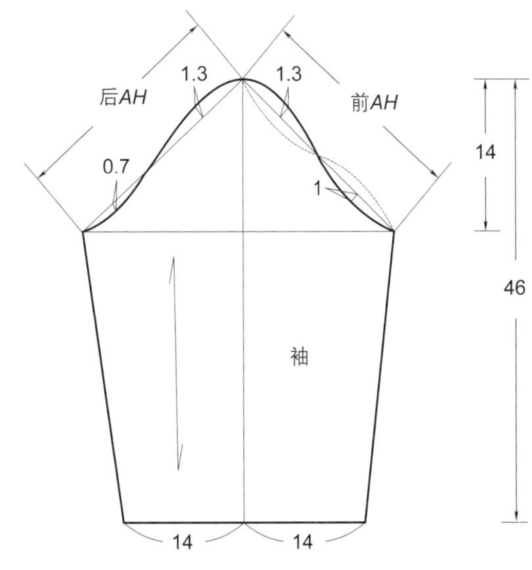

裁剪图（领、袖）

裁剪片数

前大襟片（整）	1片
前右襟片	1片
袖片	2片
后身片（整）	1片
领子片（整）	2片
扣袢	10对

实例 4-12 复古中国民族风绣花袍裙

裁剪制作说明：

此款袍裙为左大襟、立领、长袖、大裙摆造型，由前身、后身、袖子、领子四部分组成。前衣身采用旗袍斜襟造型，左大襟采用绲边制作；立领宽度为6cm；长袖设计。其前后衣身设计有分割线，在分割线的基础上不仅扩大下摆的造型而且增设了插口袋；后身的中缝处有10cm对褶。其面料上的绣花图案，可根据裁片造型的需要进行设计。

效果图

款式图

规格确定

单位：cm

衣长	106
肩宽	38
胸围	102
袖长	55

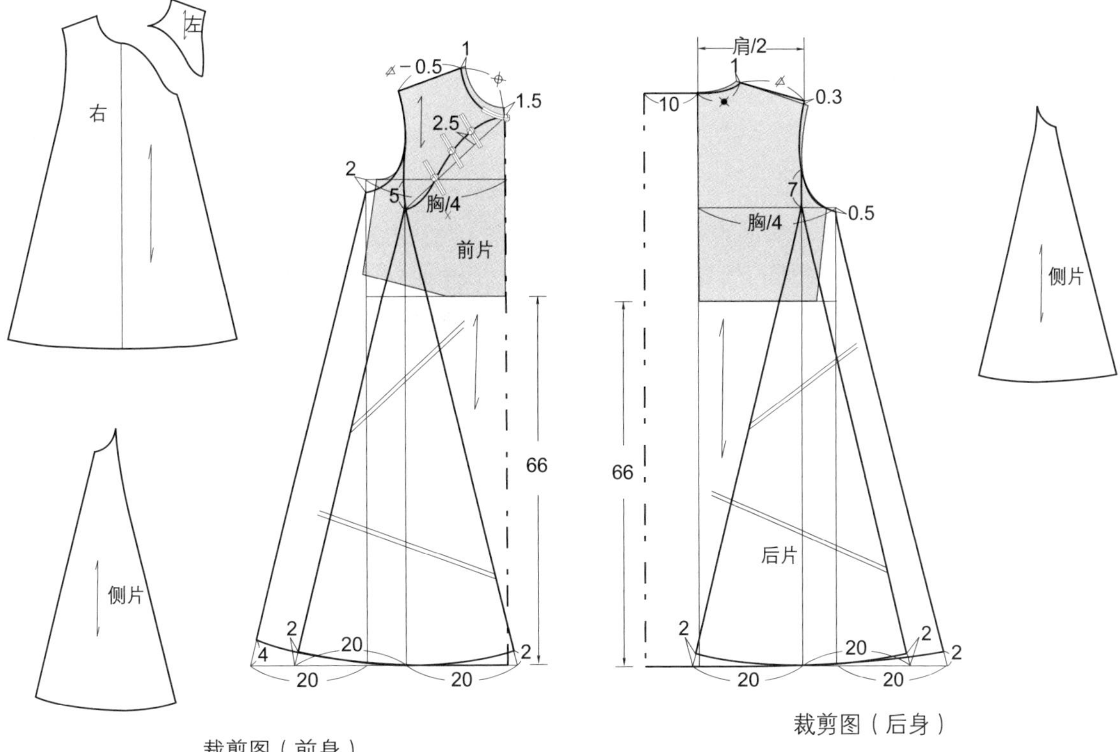

裁剪图（前身）

裁剪图（后身）

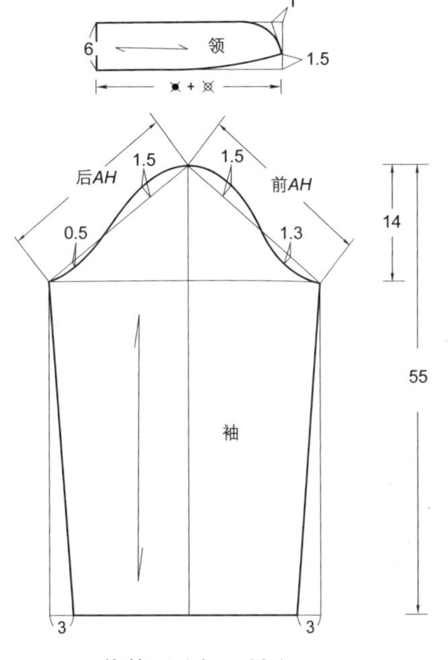

裁剪图（领、袖）

裁剪片数

前大襟片（整）	1片	后身片（整）	1片	袖片	2片
前左襟片	1片	后侧片	2片	绲边条	2条
前侧片	2片	领子片（整）	2	扣袢	4对

实例 4-13 织锦缎毛边镶饰中长袍服

裁剪制作说明：

此款袍服借鉴了传统旗袍的元素，由前身、后身、袖子和领子四部分组成。整体衣身呈X形；前身为对襟设计，钉缝了5对一字盘扣；领子为立式盆领；袖子为一片袖并设计了袖口省道。其采用织锦缎加里布制作成夹袍，前门襟止口、衣身底边、袖口边及领子镶饰皮毛制品。

效果图

款式图

规格确定

单位：cm

衣长	100
肩宽	42
胸围	100
袖长	60
袖口	30

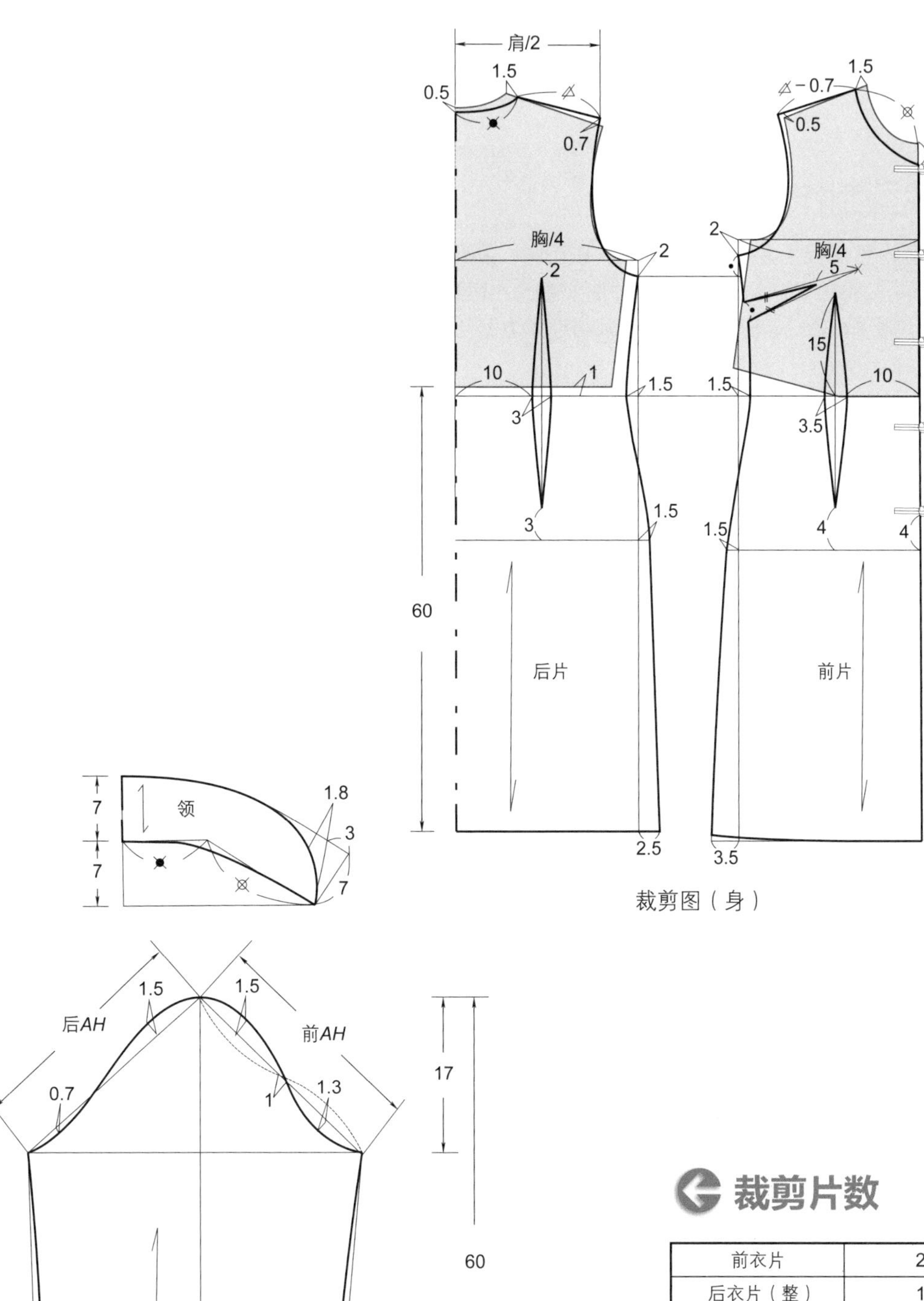

裁剪图（身）

裁剪图（领、袖）

裁剪片数

前衣片	2片
后衣片（整）	1片
袖片	2片
扣袢	5对
领片（整）	1片
毛边领（整）	1片
过面毛边	2片
袖口毛边	2片
前底摆毛边	2片
后底摆毛边（整）	1片

实例 4-14 中国风数码印花春秋袍服

裁剪制作说明：

此款袍服借鉴了传统旗袍的元素，由前身、后身、袖子和领子四部分组成。 前身为左偏襟设计；领子为中式立领；袖子为一片袖；侧缝处有开衩。其采用亚麻数码印花面料加里布制作成夹袍；领子、止口、开衩及袖口边采用镶牙边工艺制作。

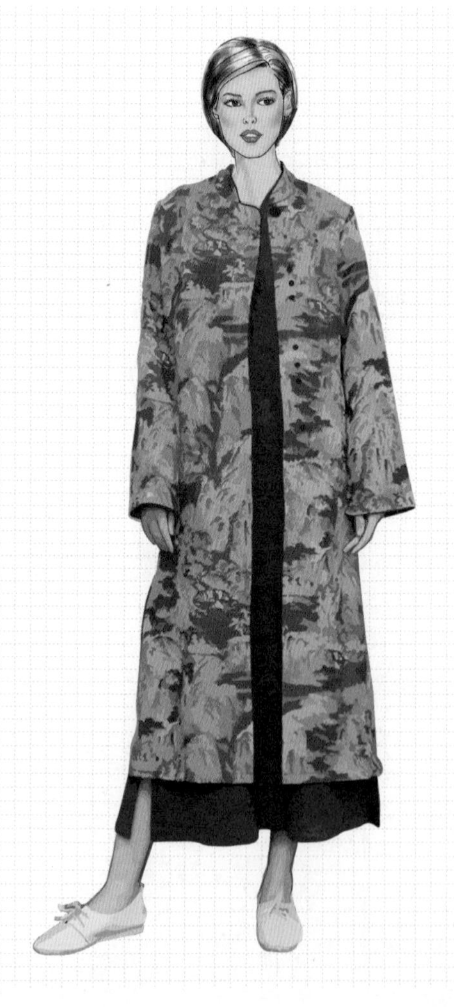

效果图

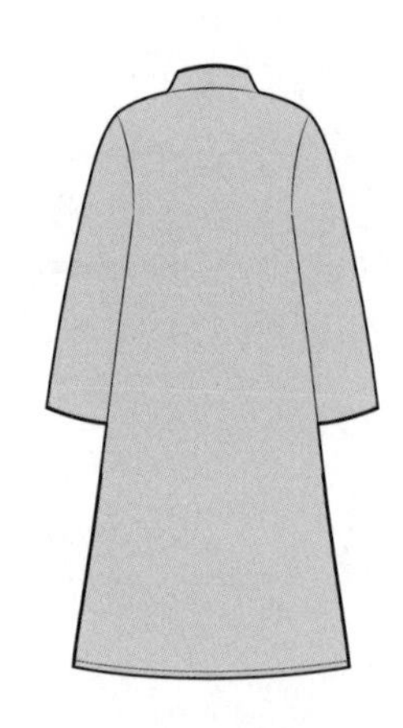

款式图

规格确定

单位：cm

衣长	112
肩宽	40
胸围	100
袖长	57.5

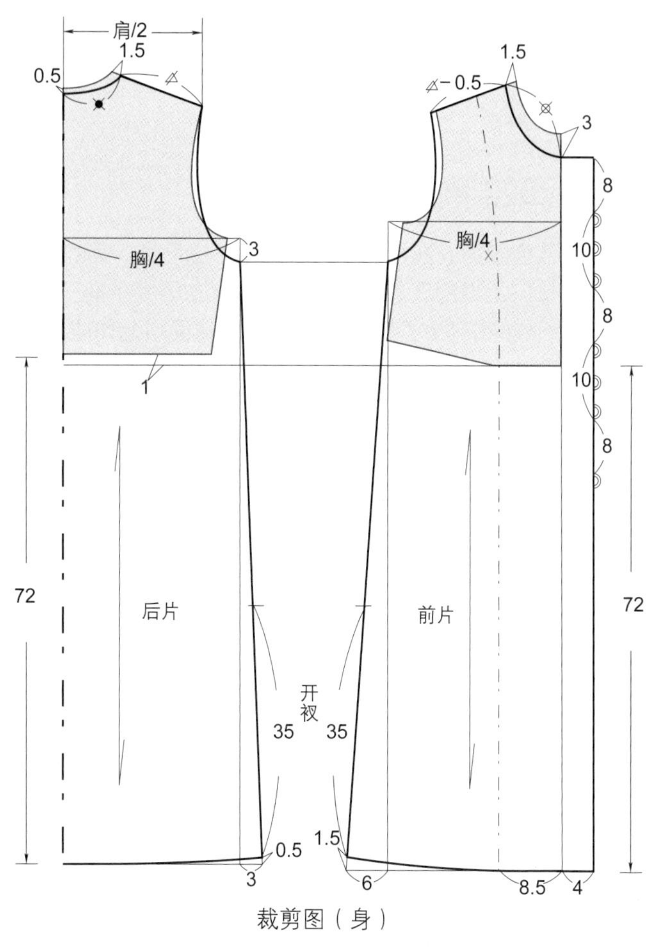

裁剪图（身）

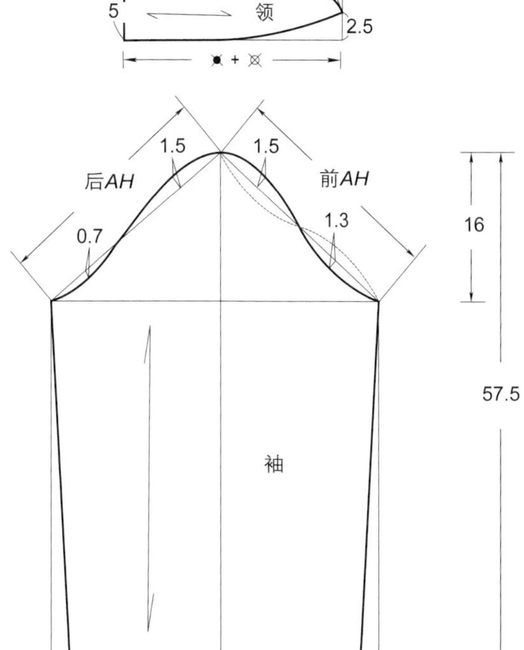

裁剪图（领、袖）

裁剪片数

前衣片	2片
后衣片（整）	1片
袖片	2片
过面片	2片
领面片（整）	1片
领里片（整）	1片
扣袢	7对
绲边条	7条

实例 4-15 立翻领宽松复古袍服

裁剪制作说明：

此款袍服为衣连袖圆摆A形造型，由前身、后身、袖子和领子四部分组成。 前身有搭门；在右襟止口上缝制6个扣袢；领子为小立翻领；袖子可卷边穿着；左右片对称贴袋；前后衣摆为前短后长的圆摆造型。其采用亚麻织花面料制作成单袍、夹袍均可。

效果图

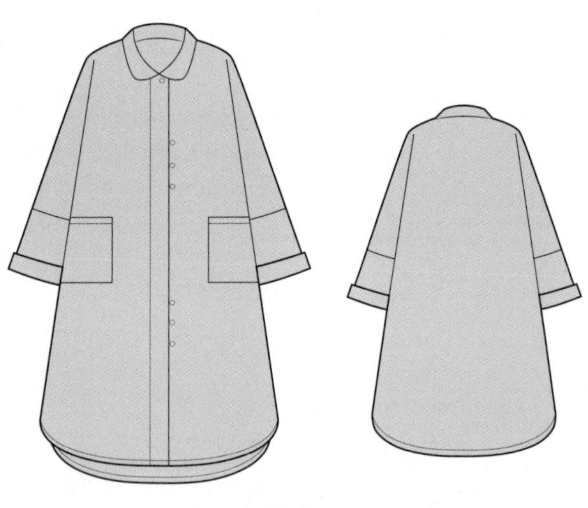

款式图

规格确定

单位：cm

衣长	110
肩宽	39
胸围	104
袖长	65
袖口	41

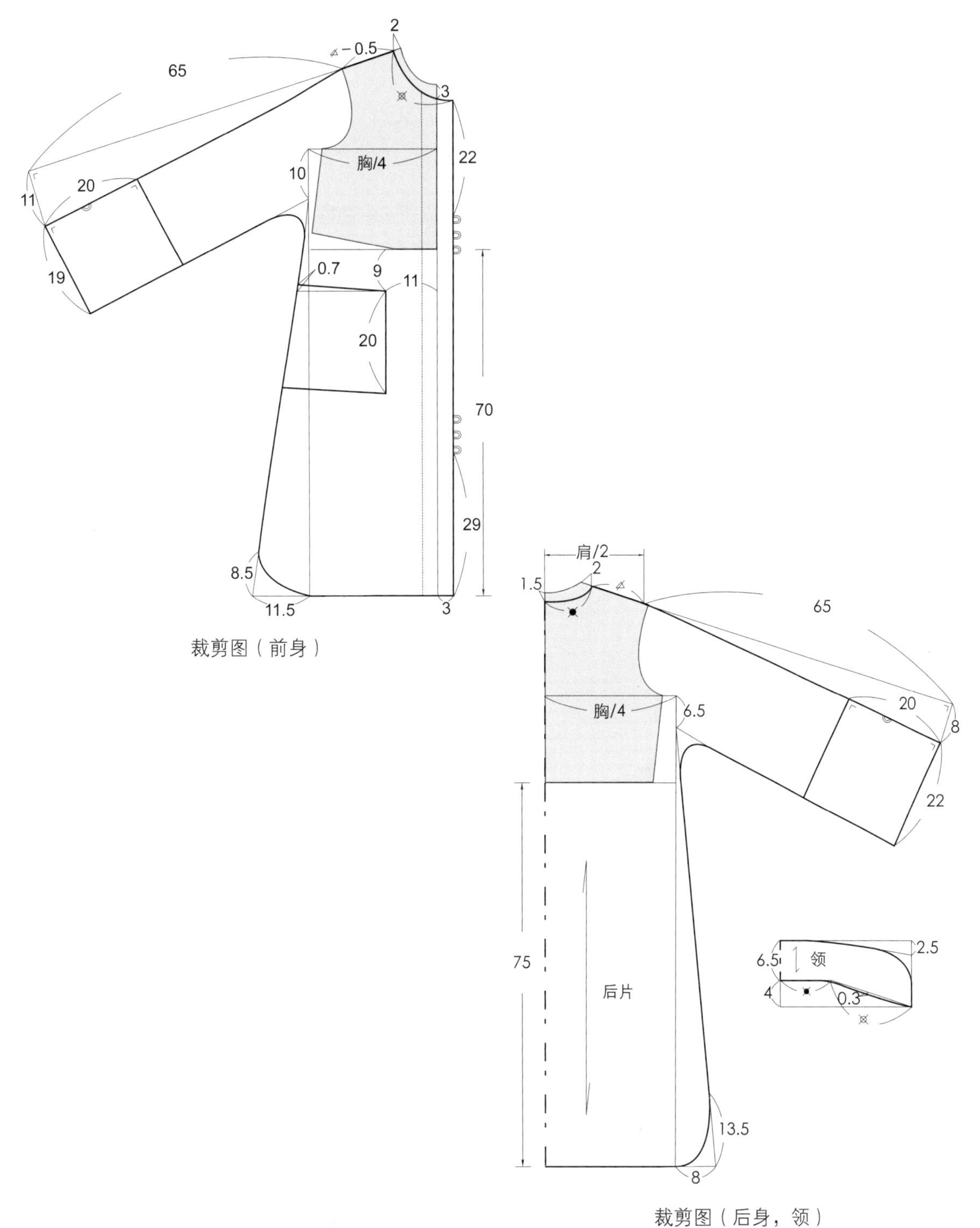

裁剪图（前身）

裁剪图（后身，领）

裁剪片数

前衣片	2片	前后袖片	2片	领面片（整）	1片	贴袋片	2片
后衣片（整）	1片	止口贴边片	2片	领里片（整）	1片	扣袢	6副

实例 4-16 汉服曲裾

裁剪制作说明：

汉服是中国汉民族的民族服饰，作为汉服的一种款式——曲裾深衣在先秦至汉代较为流行：开始时男女均可穿着，男子曲裾的下摆比较宽大，以便于行走；而女子的曲裾则稍显紧窄，从出土的战国、汉代壁画和俑人来看，很多女子曲裾下摆都呈现出“喇叭花”的样式。此款汉服曲裾分上、下两部分，上身衣襟与下身裙进行缝制后连接成整体的袍裙，加长后的左衣襟经过背后再绕至前襟形成最上层的三角，最后在腰部缚以腰封及腰带遮住三角衽片的末梢将腰部固定。古籍资料提到的“续衽钩边”，“衽”是衣襟，“续衽”就是将衣襟接长，“钩边”形容绕襟的样式。此款曲裾服采用比例法裁剪制作样板，根据实际的面料宽窄可在大襟、袖子部位进行拼接，下裙可整裁，也可分前后片进行裁剪。面料选用丝棉麻均可，本款造型的交领、袖口、下裙摆边部位以及腰封、腰带采用与裙身色调协调的薄纱进行裁剪制作。

效果图

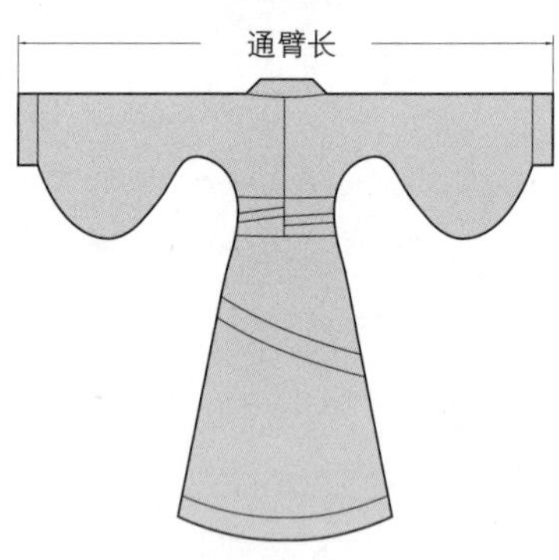

款式图

规格确定

单位：cm

背长	38
胸围	80
腰围	68
通臂长	152
后裙长	82

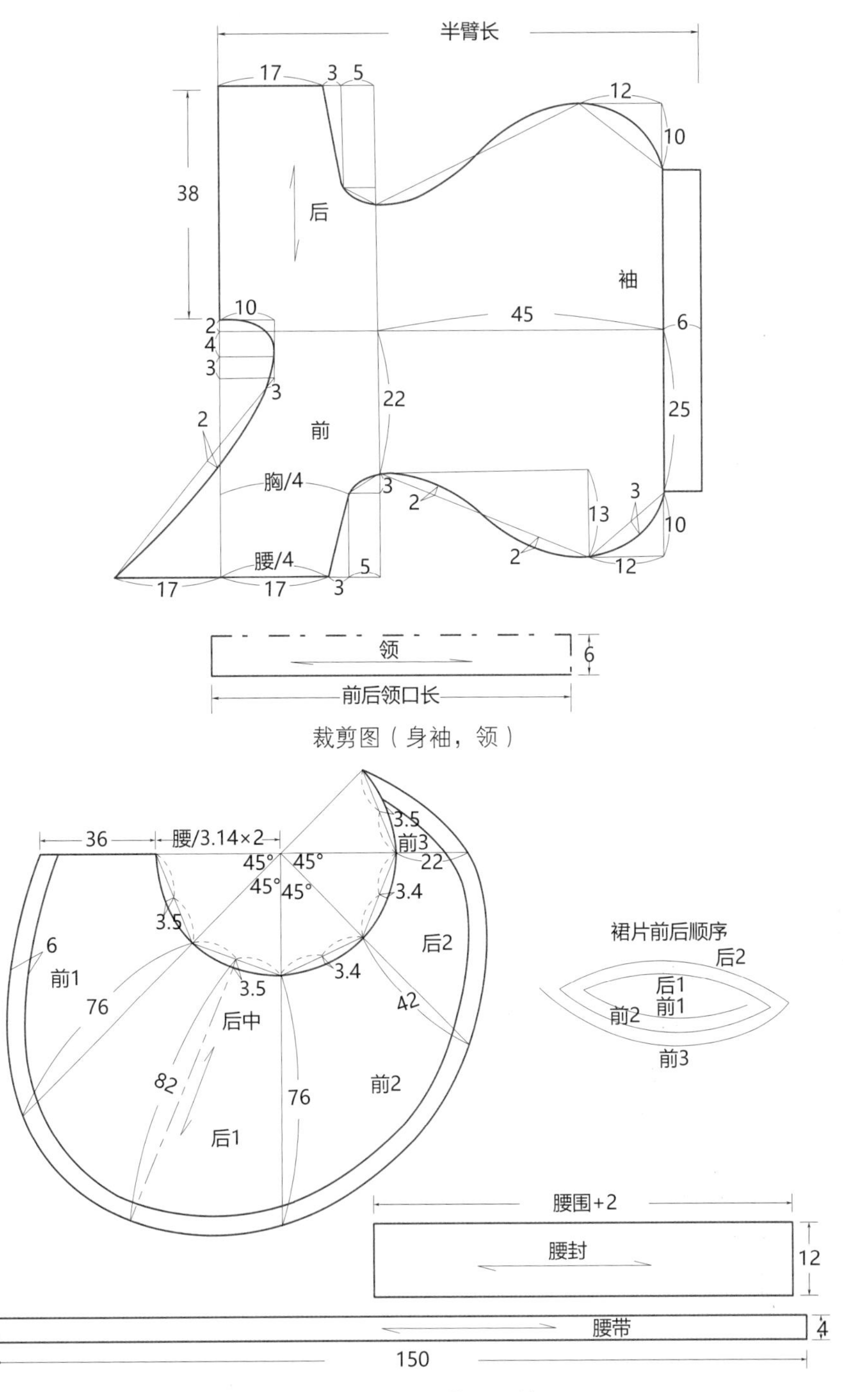

裁剪图（身袖，领）

裁剪图（下裙腰带、腰封）

裁剪片数

前后衣身片（整）	2片	腰带（整）	2片
下裙片（整）	1片	领子（整）	1片
腰封面片	1片	袖头（整）	2片
腰封里片	1片	裙摆边（整）	1片

第5章 中式马甲背心的裁剪制作与制板

实例 5-1 罗缎提花复古风格棉夹马甲

裁剪制作说明:

此款造型借鉴了传统中式服装的元素，是一款适合春秋季穿着的短款夹马甲。其由前身、后身、领子三部分组成，前身斜大襟设计为可打开的，共配置了4对蒜盘扣；领子为小立领结构；衣身的侧缝制作了开衩；选用罗缎提花面料进行裁剪。其里布可选棉质素色，大襟、袖窿、开衩及衣摆底边均采用勾缝的方法制作。

效果图

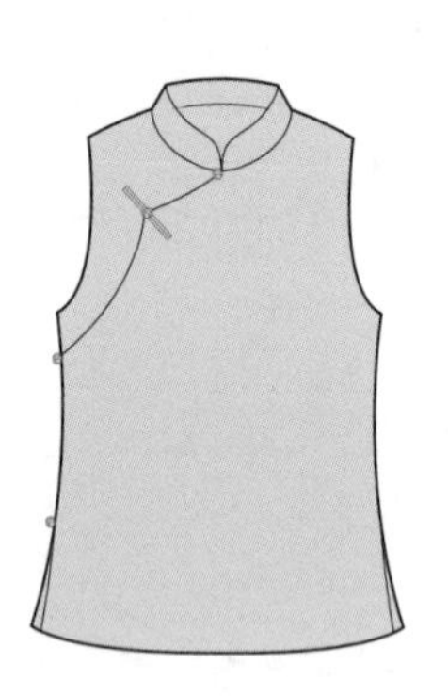

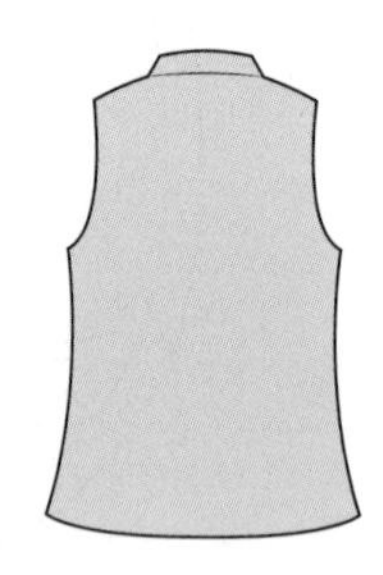

款式图

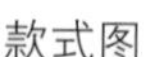

规格确定

单位：cm

衣长	56
肩宽	38
胸围	94

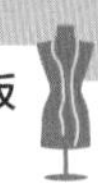

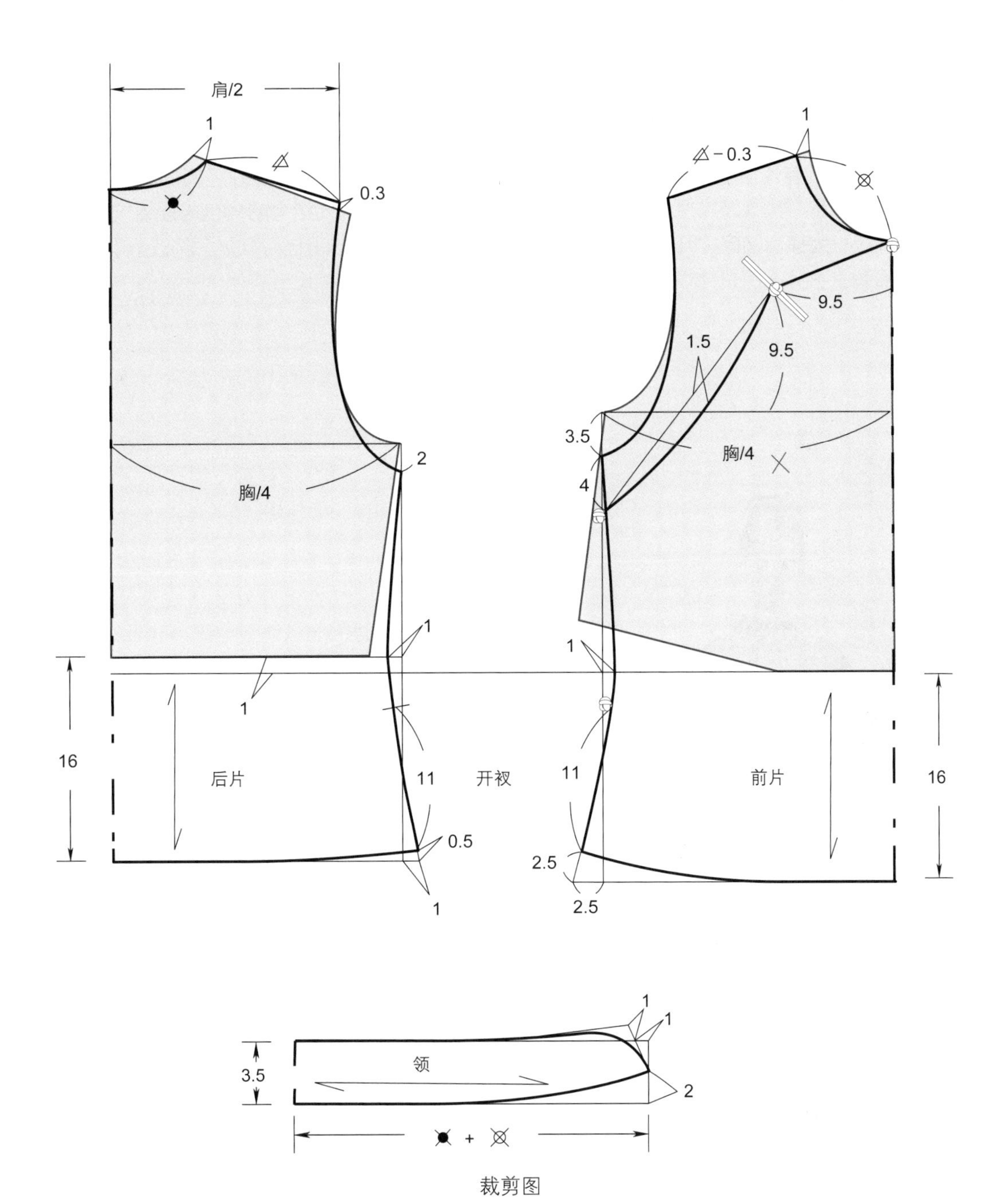

裁剪图

裁剪片数

前大襟片（整）	1片	右襟片	1片	领面片（整）	1片
后衣片（整）	1片	领里片（整）	1片	扣袢	4对

实例 5-2 中长款棉夹斜襟立翻领马甲

裁剪制作说明：

此款马甲具有传统与现代相结合的元素，由前身、后身、领子三部分组成。前身斜襟右侧为打开的造型，大襟及右侧缝共配置了7对蒜盘扣；领子为现代结构的衬衫式领结构；衣身设计有开衩；大襟、袖窿、开衩及衣摆底边均可采用勾缝的方法制作。其领子部分搭配与衣身协调的色调，衣身选用素色棉质面料与里布进行裁剪制作，是一款适合春秋季穿着的中长款夹马甲。

效果图

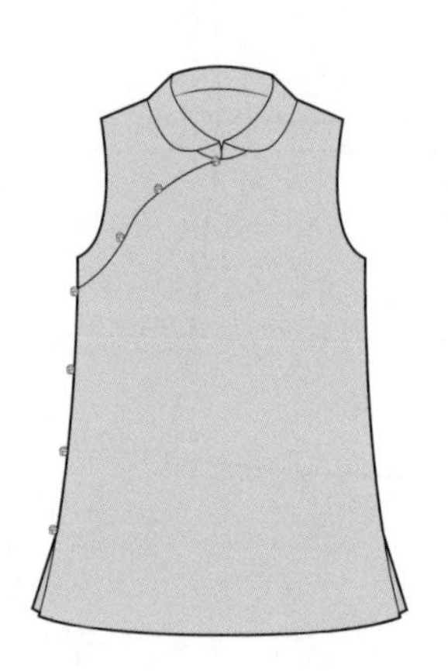

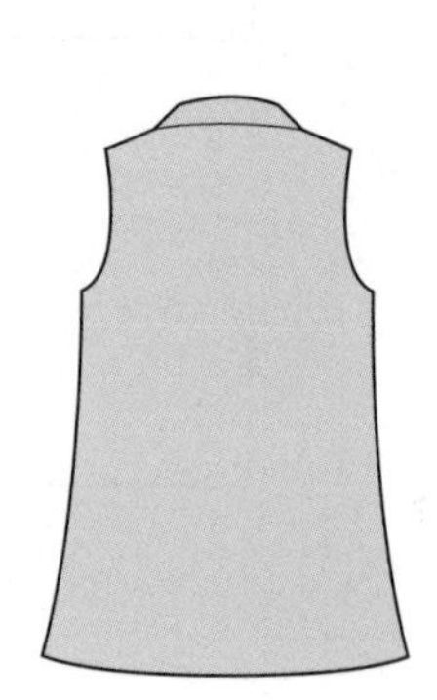

款式图

规格确定

单位：cm

衣长	72
肩宽	39
胸围	94

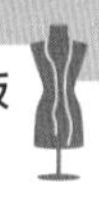

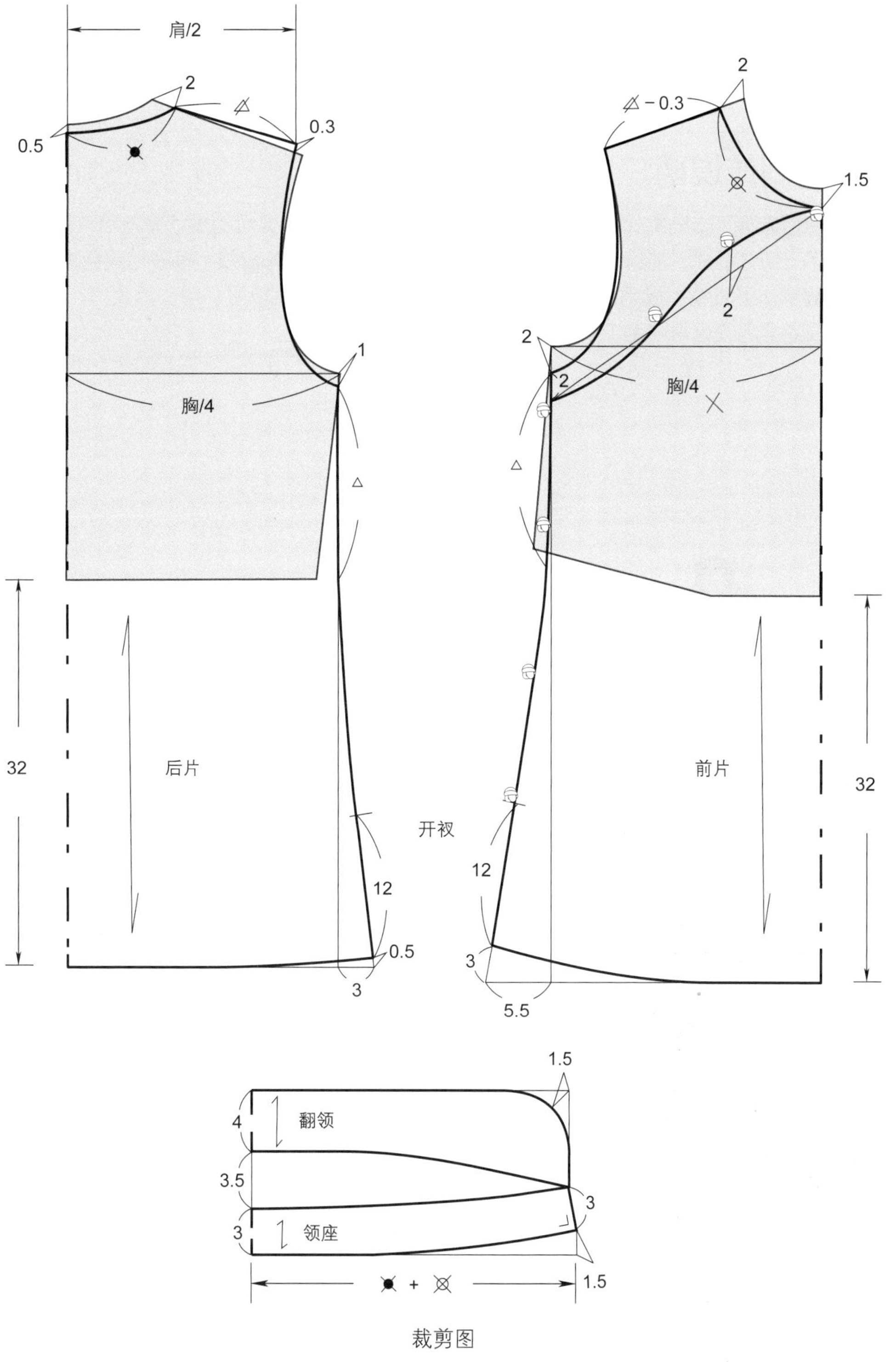

裁剪图

裁剪片数

前大襟片（整）	1片	右襟片	1片	领面片（整）	2片
后衣片（整）	1片	领座片（整）	2片	扣袢	7对

实例 5-3 秋冬织锦缎中式改良马甲

裁剪制作说明：

此款造型借鉴了传统中式服装的元素，是一款适合春末秋初穿着的短款夹马甲。其由前身、后身、领子三部分组成，前身斜大襟弧线至腰线，共配置了6对蒜盘扣；领子为双色方角立领；衣身的侧缝制作了开衩；选用织锦缎面料进行裁剪，也可制作为单层马甲。其大襟、袖窿加贴边，开衩及衣摆底边均采用手工扞缝的方法制作。

效果图

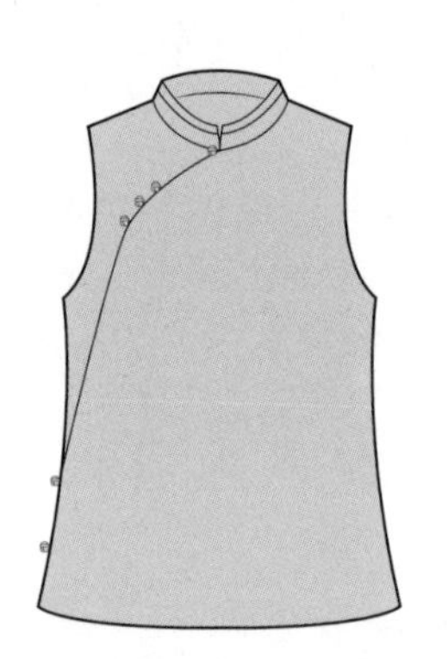

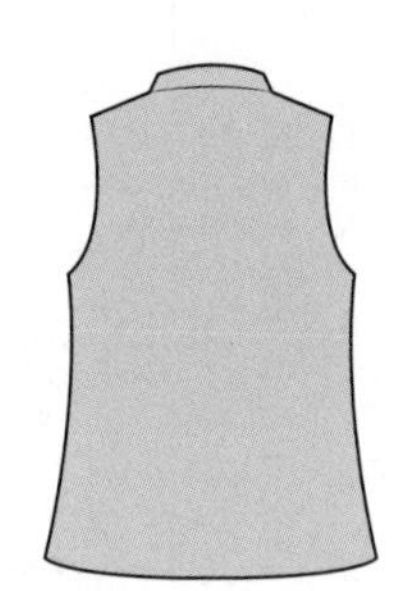

款式图

规格确定

单位：cm

衣长	58
肩宽	38
胸围	96

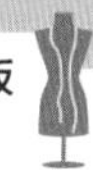

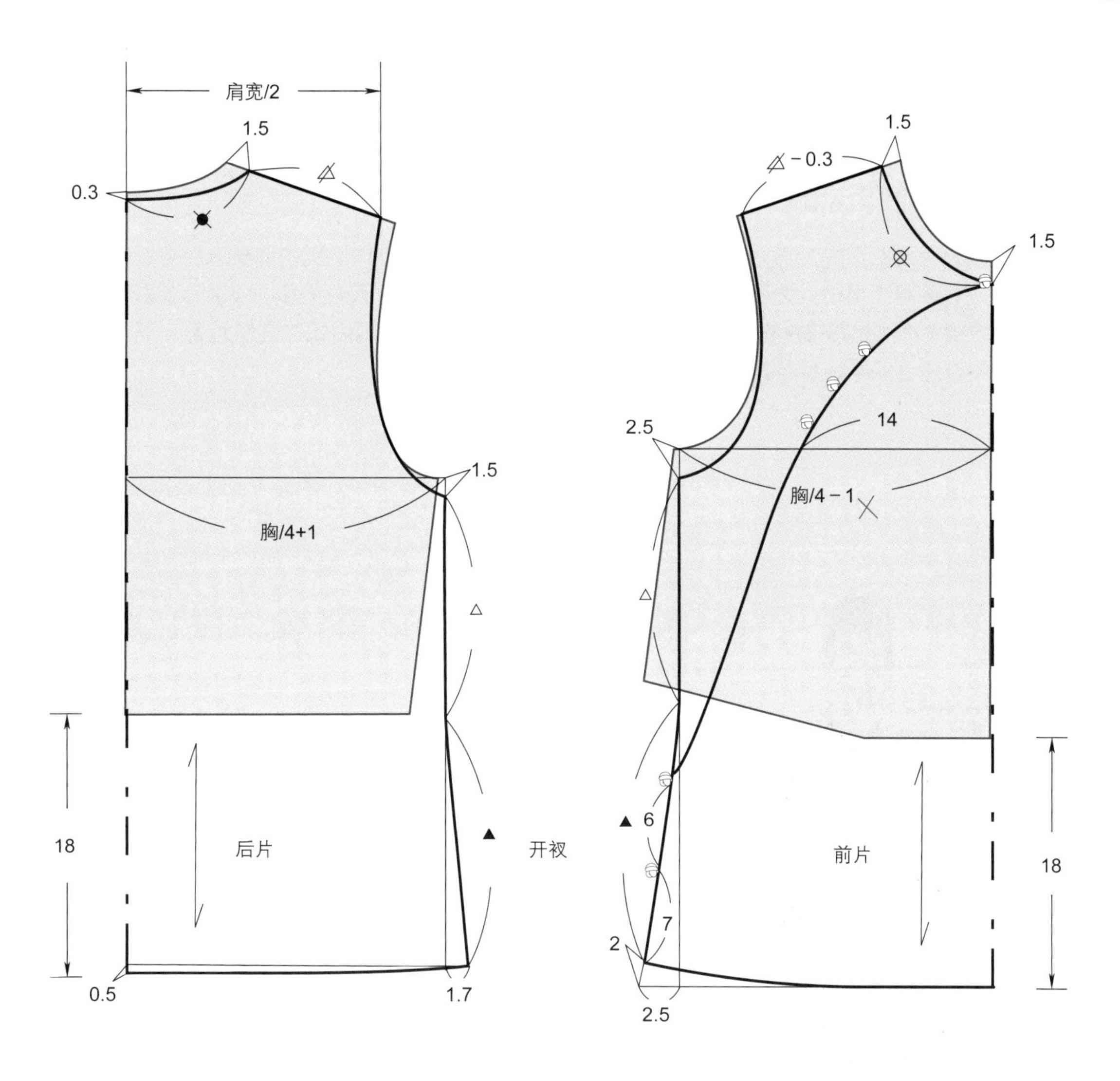

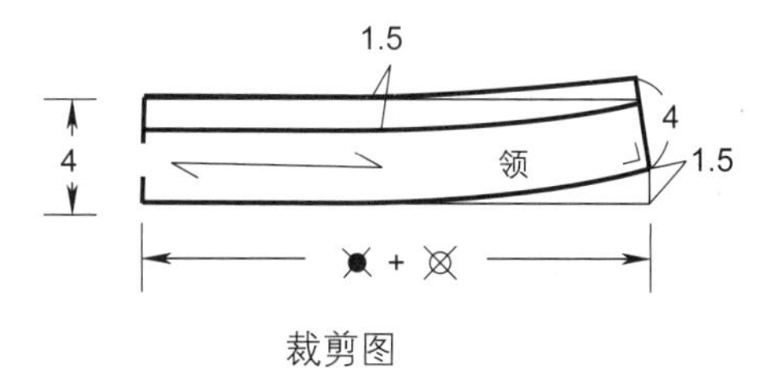

裁剪图

裁剪片数

前大襟片（整）	1片	领面上片（整）	1片	扣袢	6对
右襟片	1片	领面下片（整）	1片	大襟贴边	1片
后衣片（整）	1片	领里片（整）	1片	袖窿贴边	2片

实例 5-4 纯棉秋冬中式马甲

裁剪制作说明：

此款马甲为对称式上下襟造型 ，选用经典黑白格子的纯棉制作。其由前身、后身、领子三部分组成，前身大襟设计为一字弧线，领口处可开合的对襟钉缝了蒜盘扣；领子为双拼色方角立领；衣身的左侧缝夹缝有2个装饰性的蒜盘扣；前后下摆为前短后长的圆摆造型。其可制作为夹马甲，适合多种场合穿着。

效果图

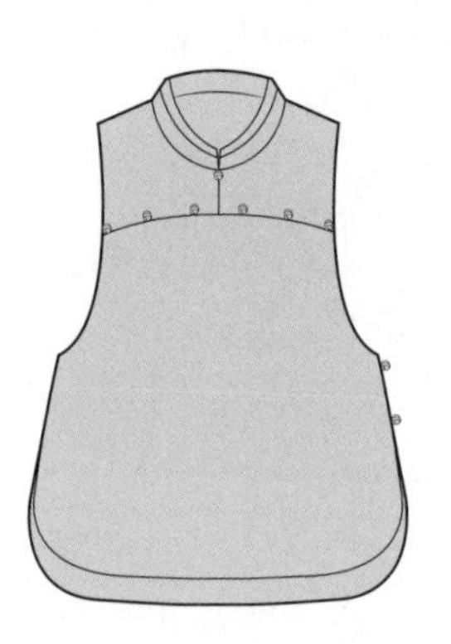
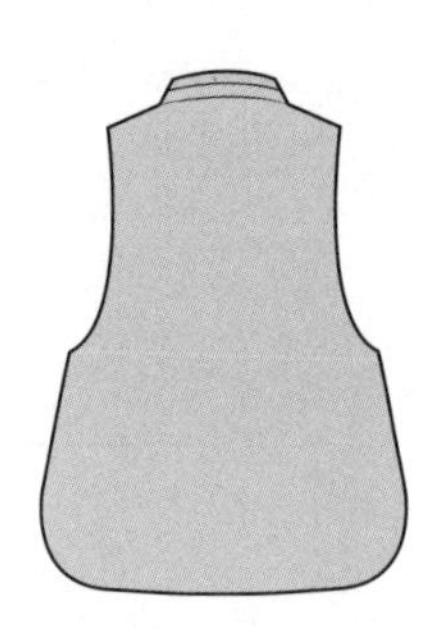
款式图

规格确定

单位：cm

衣长	55
肩宽	36
胸围	94

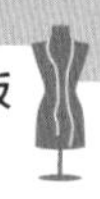

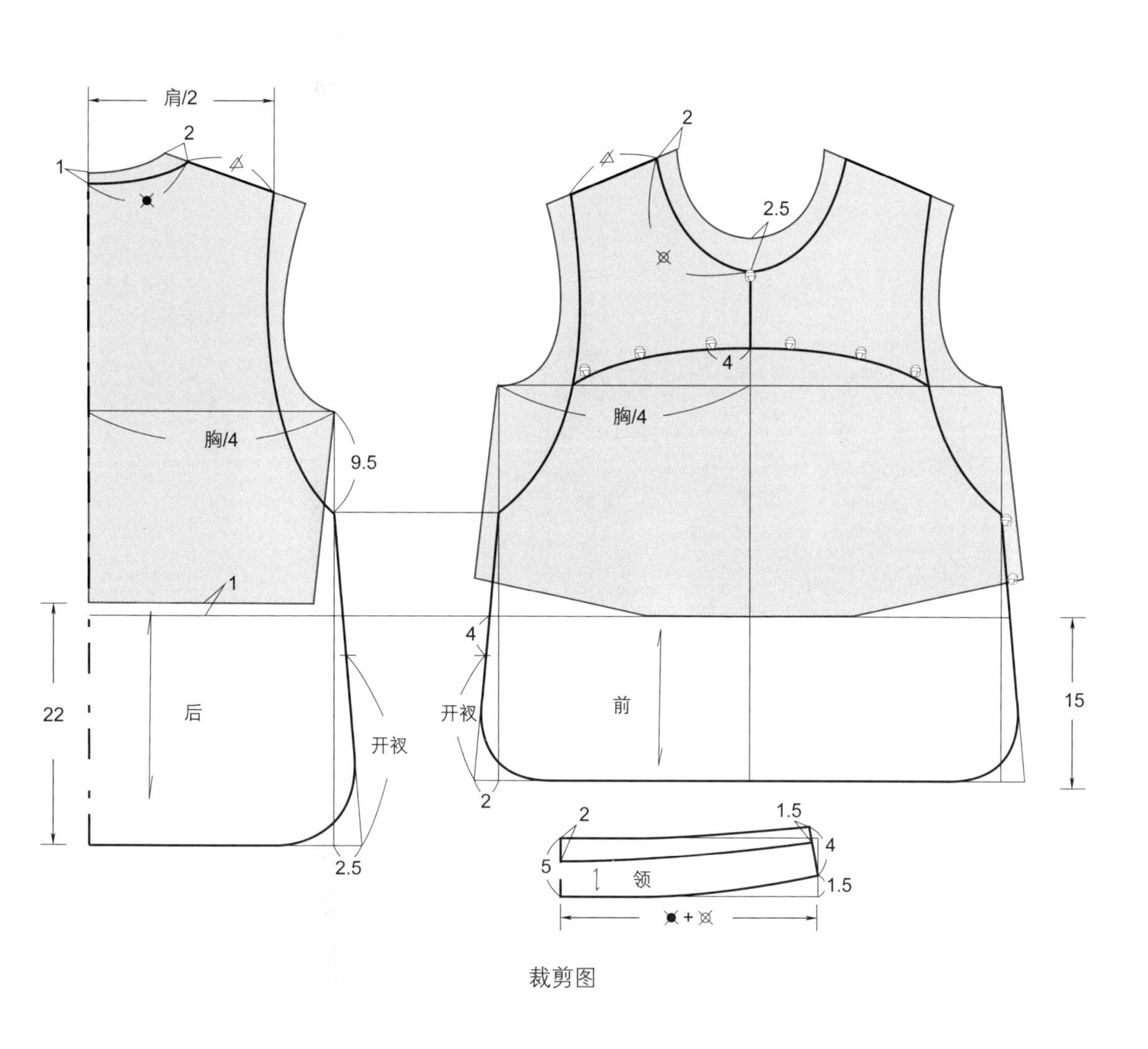

裁剪图

裁剪片数

前下片（整）	1片	前上片	2片	领面上片（整）	1片	领里片（整）	1片
后 片（整）	1片	领面下片（整）	1片	扣袢	9副		

实例 5-5 夏季套头式中长款马甲背心

裁剪制作说明：

此款造型是一款夏季穿着的马甲背心，选用了淡雅的苎麻印花面料裁剪制作。整个衣身为套头式，衣身的大襟可根据喜好夹缝绲边作为装饰；领子配置了一对蒜盘扣；衣身的侧缝制作了开衩；大襟、袖窿加贴边。其开衩及衣摆底边，均采用手工扦缝的方法制作。

效果图

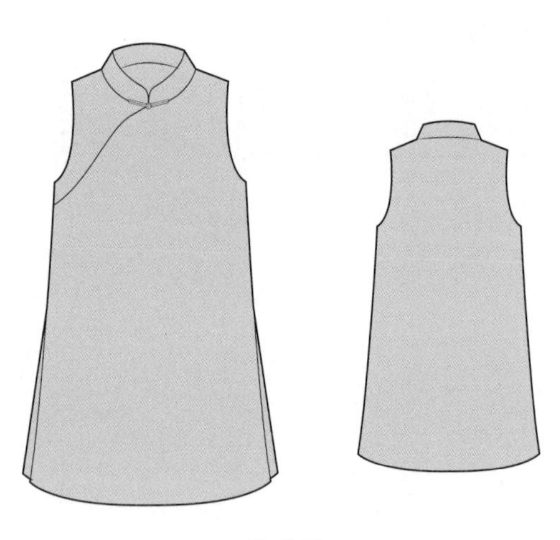

款式图

规格确定

单位：cm

衣长	75
肩宽	36
胸围	94

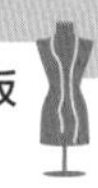

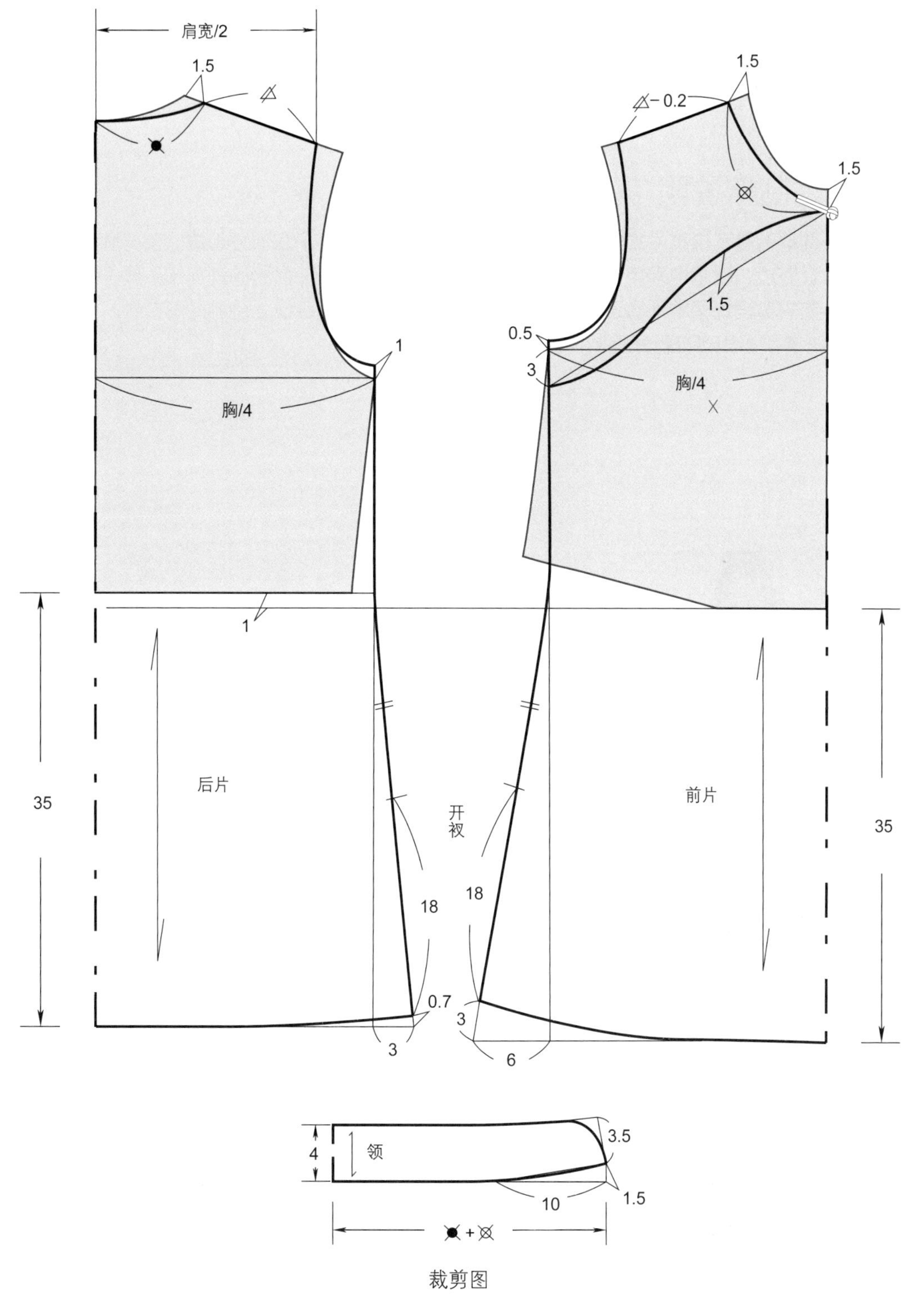

裁剪图

裁剪片数

前大襟片（整）	1片	后衣片（整）	1片	领面片（整）	1片	袖窿贴边	2片
右襟片	1片	领里片（整）	1片	扣袢	1对	大襟贴边	1片

实例 5-6 中式立领织锦缎马甲

裁剪制作说明：

此款造型借鉴了传统中式服装的元素，由前身、后身、领子三部分组成。前身斜大襟、领子、开衩、底边、袖窿均采用了镶边、绲边传统工艺；三对手工盘制的蒜盘扣；领子结构为较宽立领；前衣身设计了腋下省道；衣身的侧缝有开衩；在右侧缝线上缝制隐形拉链。其面料选用织锦缎，并配置里布进行裁剪制作。

效果图

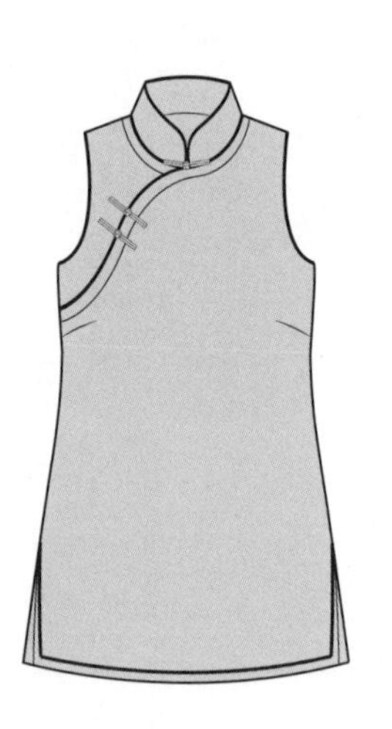

款式图

规格确定

单位：cm

衣长	70
肩宽	35
胸围	90

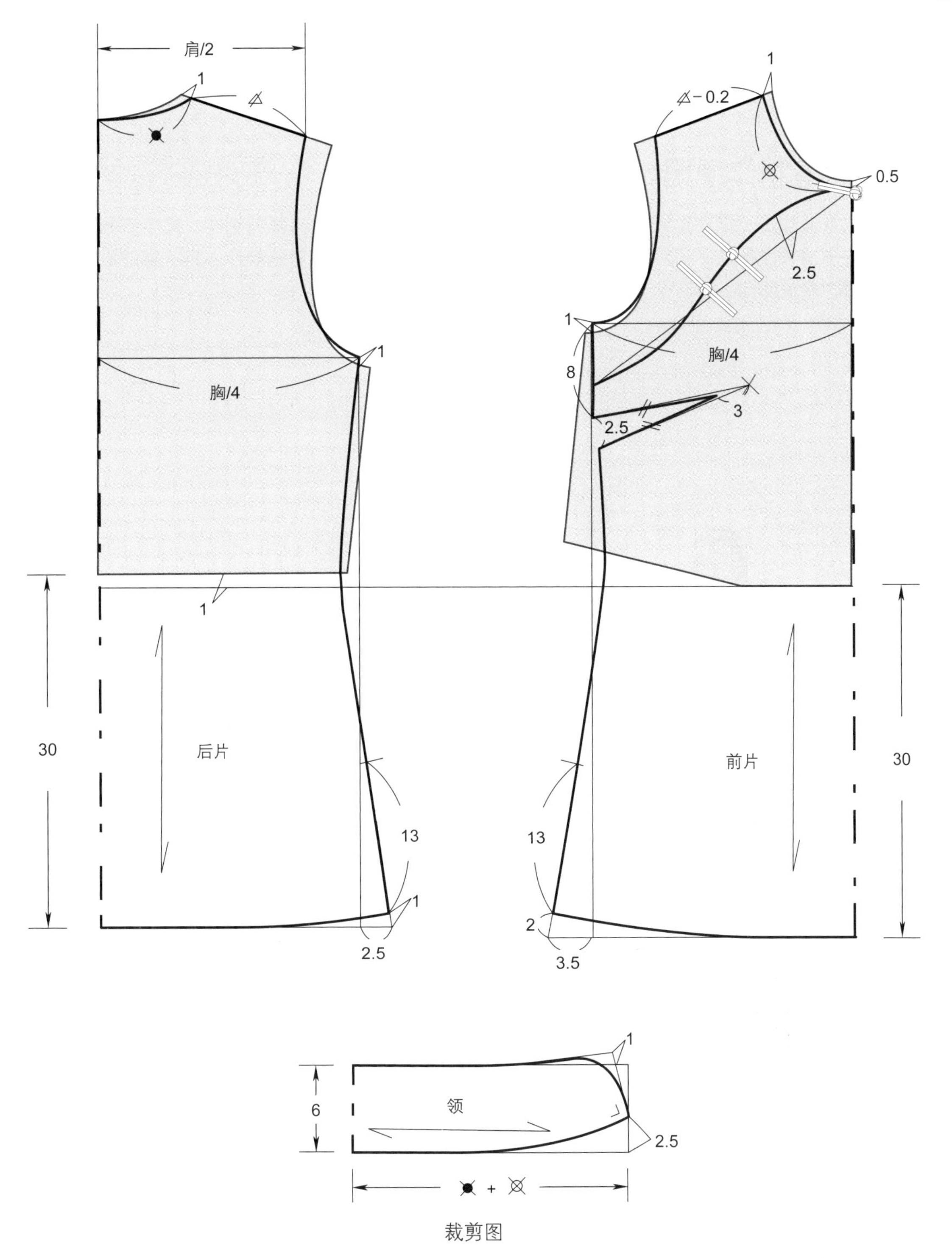

裁剪图

裁剪片数

前大襟片（整）	1片	右襟片	1片	领面片（整）	1片	绲边条	7条
后衣片（整）	1片	领里片（整）	1片	扣袢	3对		

实例 5-7 夏季绉缎中式马甲背心

裁剪制作说明：

此款造型是一款夏季穿着的马甲背心，选用了真丝素绉缎面料裁剪制作。整个衣身为套头式；领子及大襟配置了三对蒜盘扣；衣身的大襟、袖窿采用斜条勾缝制作。其衣身的底边，采用缉缝的方法制作。

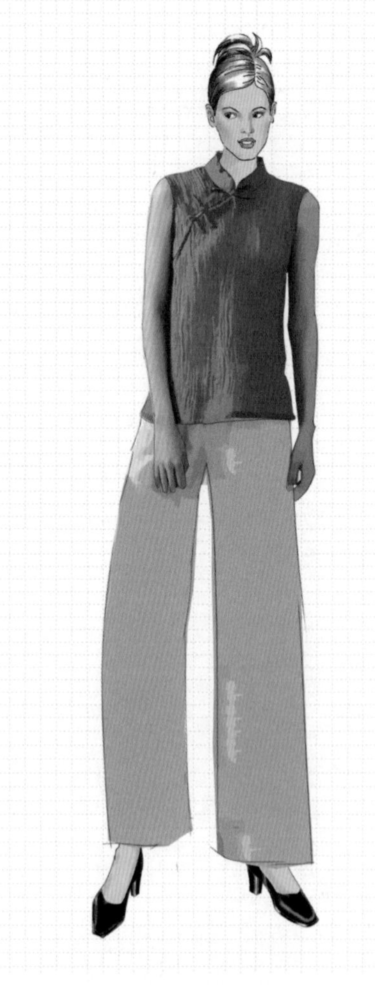

效果图

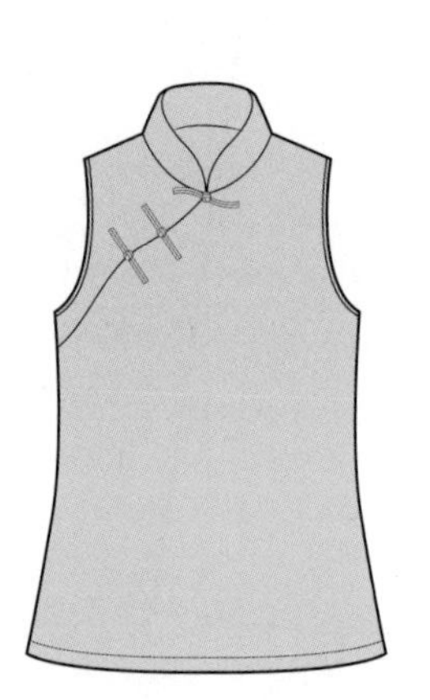

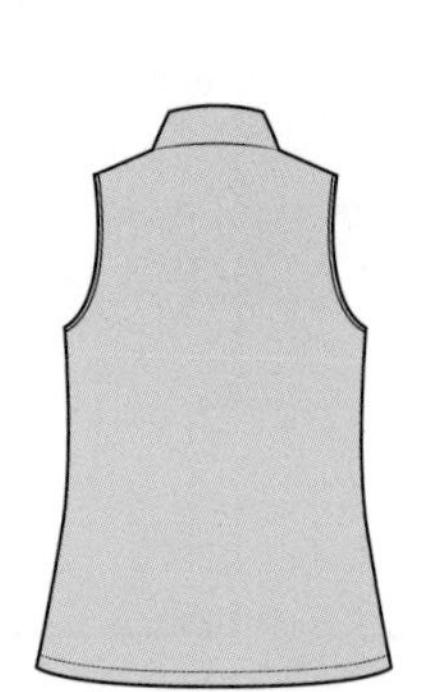

款式图

规格确定

单位：cm

衣长	56
肩宽	36
胸围	90

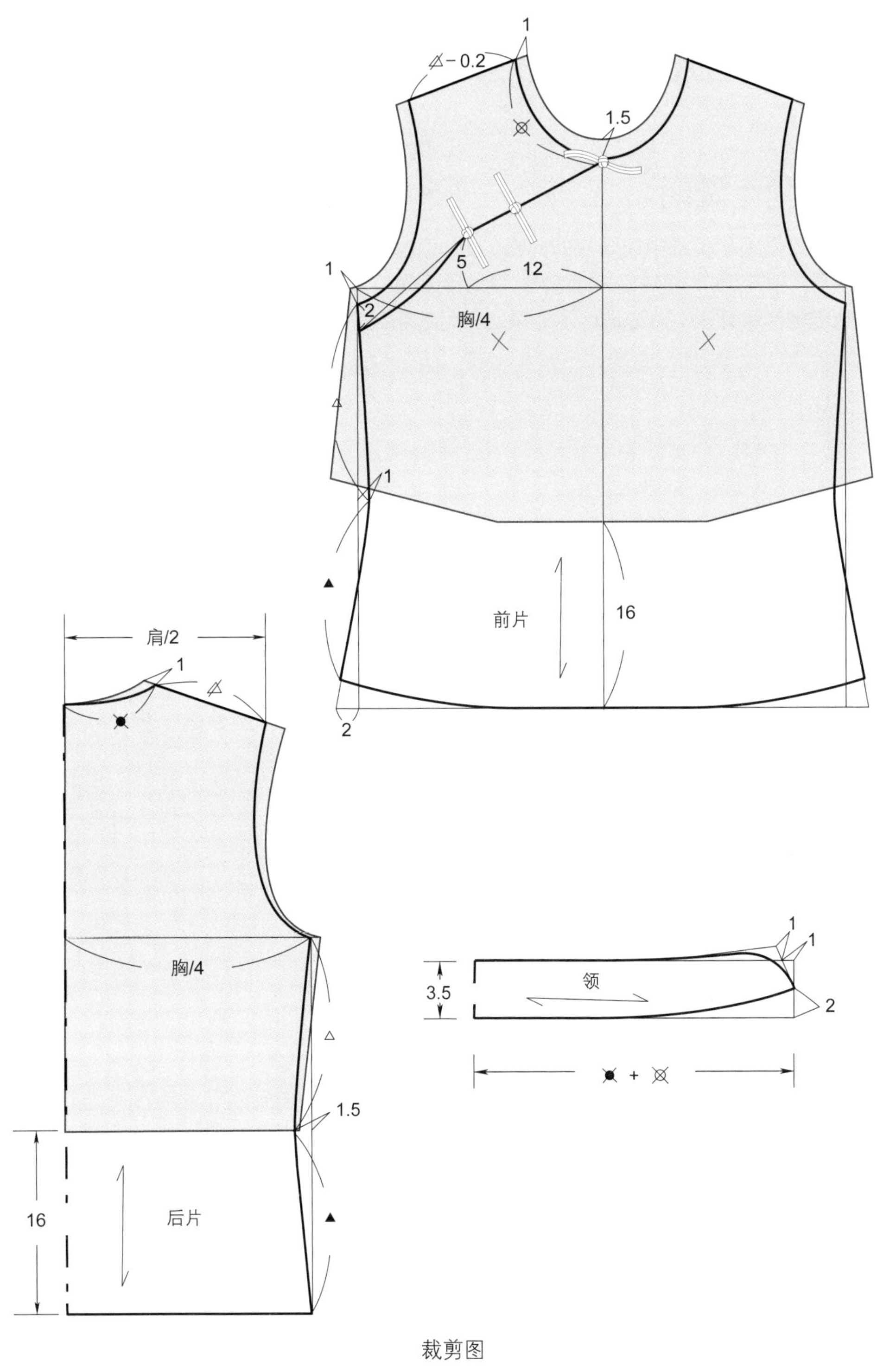

裁剪图

裁剪片数

前大襟片（整）	1片	右襟片	1片	领面片（整）	1片
后衣片（整）	1片	领里片（整）	1片	扣袢	3对

实例 5-8 秋冬纯棉立翻领长款马甲

裁剪制作说明：

此款造型借鉴了传统中式服装的元素，是一款适合秋冬季穿着的长款夹马甲。其由前身、后身、领子三部分组成，前身对襟设计了11对手工盘扣；领子为立翻领；袖窿采用了绲边工艺，衣身的侧缝制作了开衩；两边设计了插袋。其可选用纯棉印花面料进行裁剪，里布搭配相同棉质的素色。

效果图

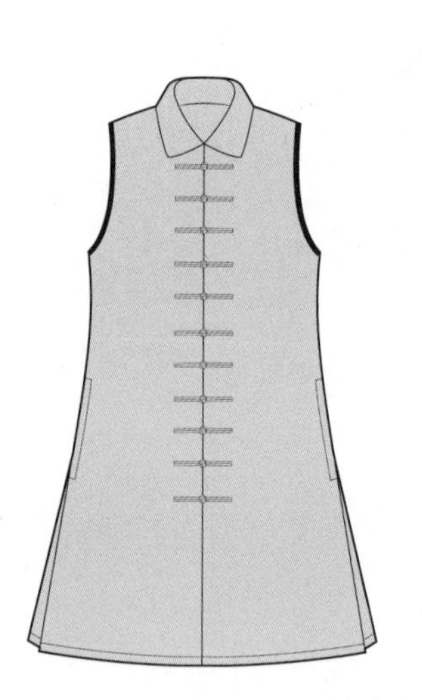
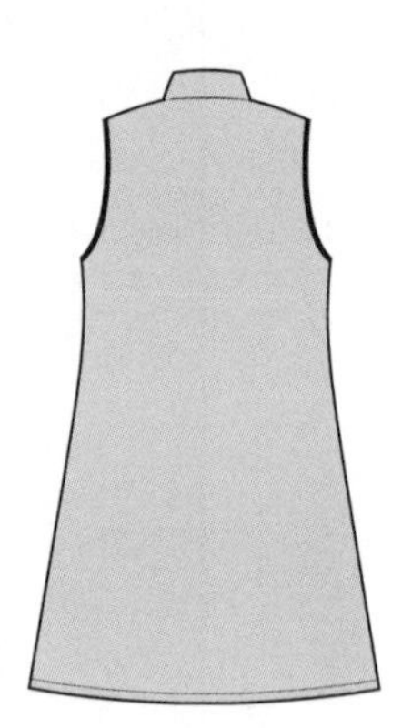
款式图

规格确定

单位：cm

衣长	85
肩宽	39
胸围	98

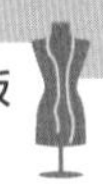

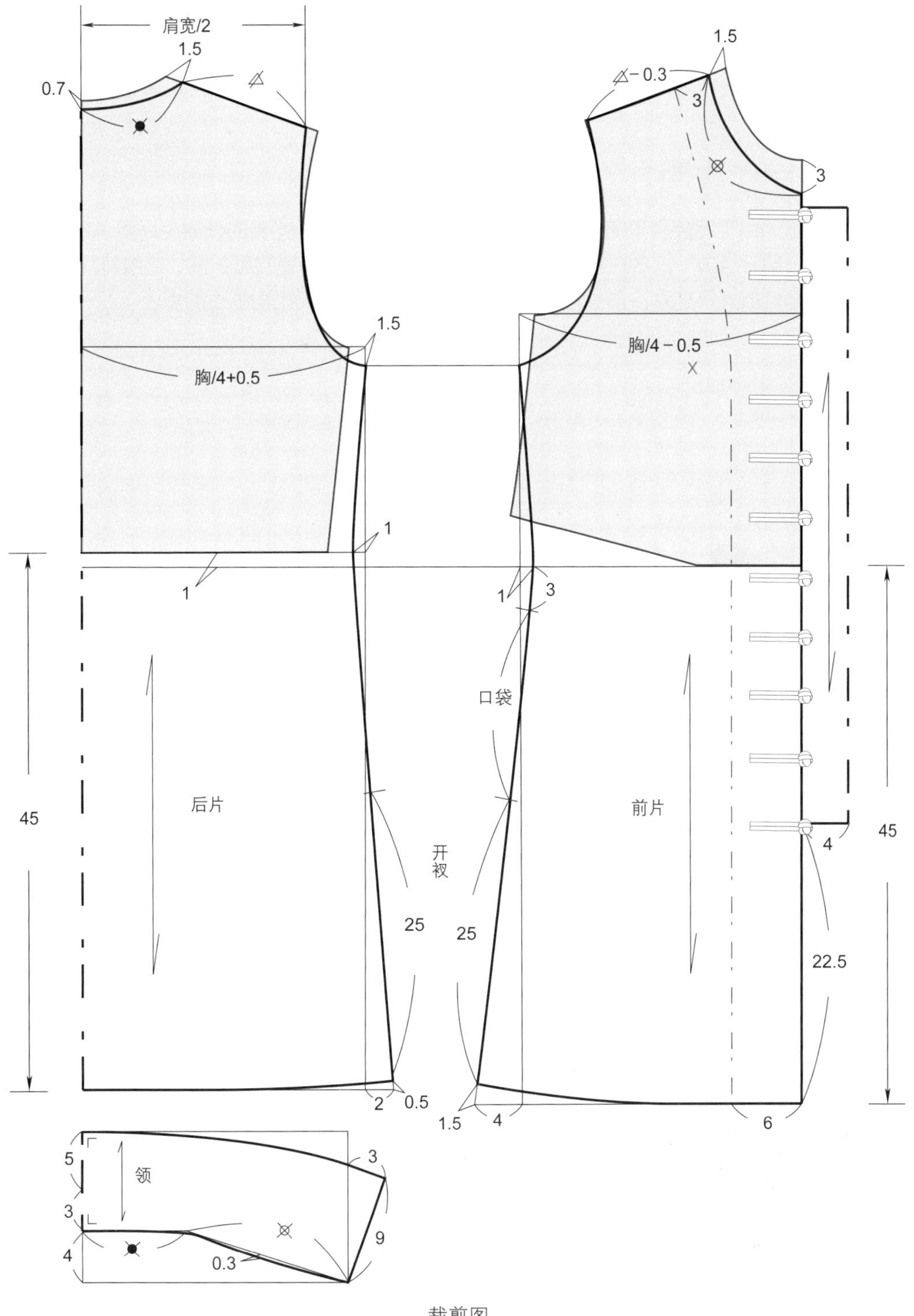

裁剪图

裁剪片数

前衣片	2片	领面片（整）	1片	过面片	2片	盘扣	11对	口袋布	2片
后衣片（整）	1片	领里片（整）	1片	底襟片（整）	1片	绲条片	2条		

实例 5-9 民族风印花高立领马甲

裁剪制作说明：

此款造型采用了民族风印花纯棉材质面料，是一款适合秋季穿着的长款夹马甲。其由前身、后身、领子三部分组成，前身对襟设计了6对手工盘扣；领子为宽立领；前、后腰身均有腰省；侧缝在臀围部位加大尺寸为O形；两边设计了插袋；里布可搭配相同棉质的素色。

效果图

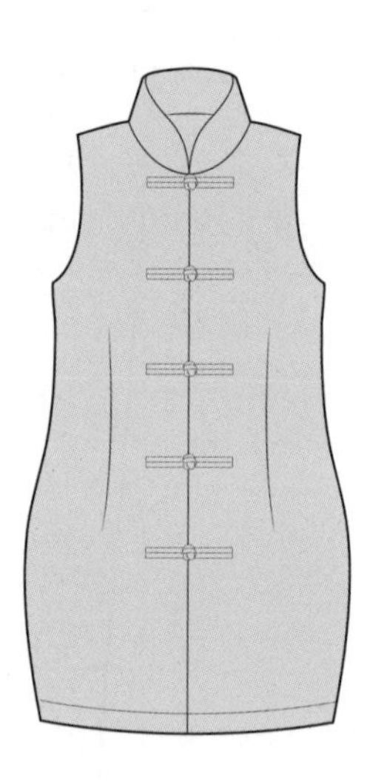

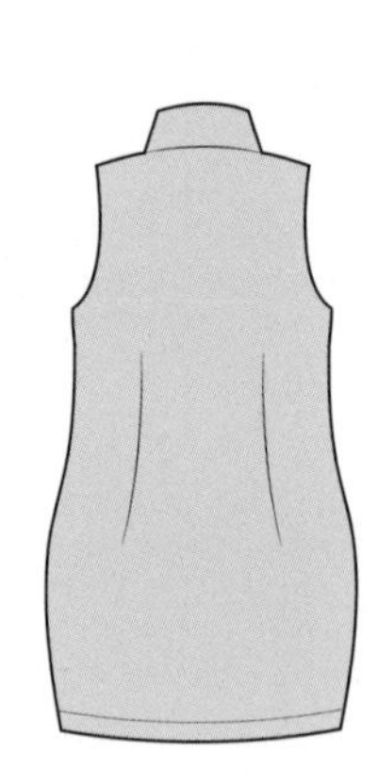

款式图

规格确定

单位：cm

衣长	75
肩宽	38
胸围	95

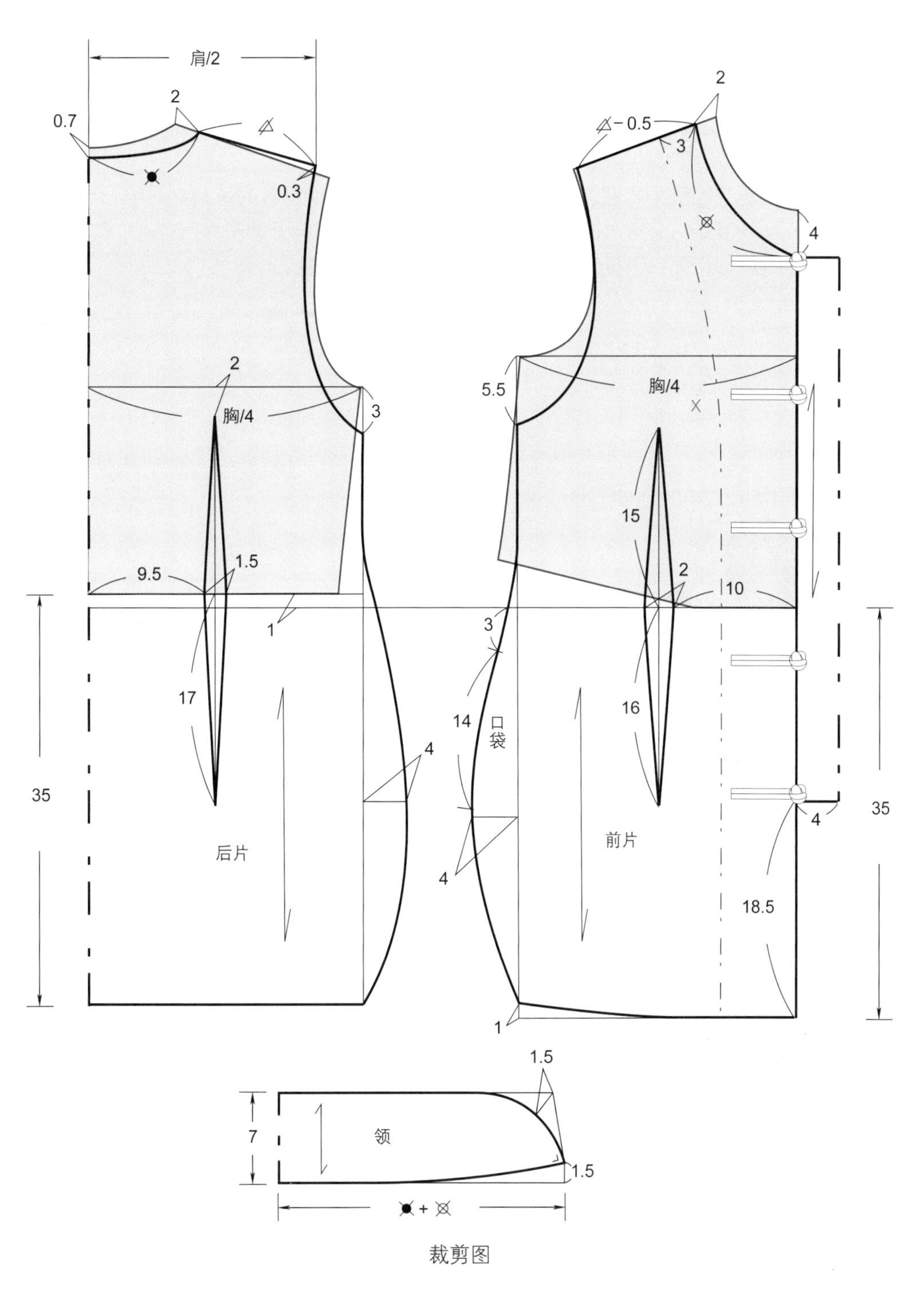

裁剪图

裁剪片数

前衣片	2片	领面片（整）	1片	底襟片（整）	1片	过面片	2片
后衣片（整）	1片	领里片（整）	1片	扣袢	5对	口袋布	2片

实例 5-10 对襟棉麻秋冬长款马甲

裁剪制作说明：

此款造型借鉴了传统中式服装的元素，是一款适合秋冬季穿着的长款夹马甲。其由前身、后身、领子三部分组成，前身对襟设计了6对手工盘制的宽扣袢；领子为宽立领；前身有贴口袋 。其可选用纯棉印花面料进行裁剪，里布搭配相同棉质的素色。

效果图

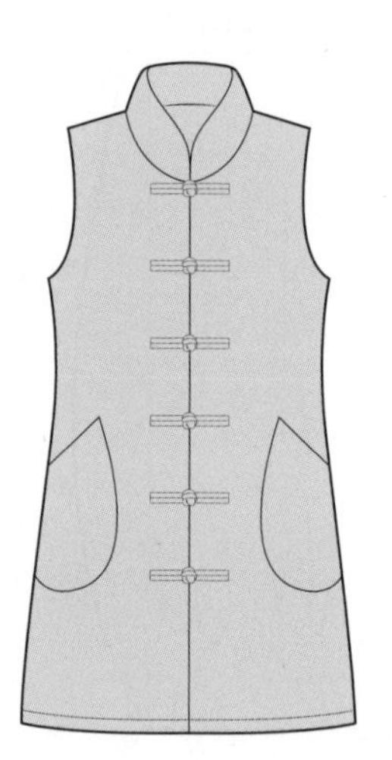

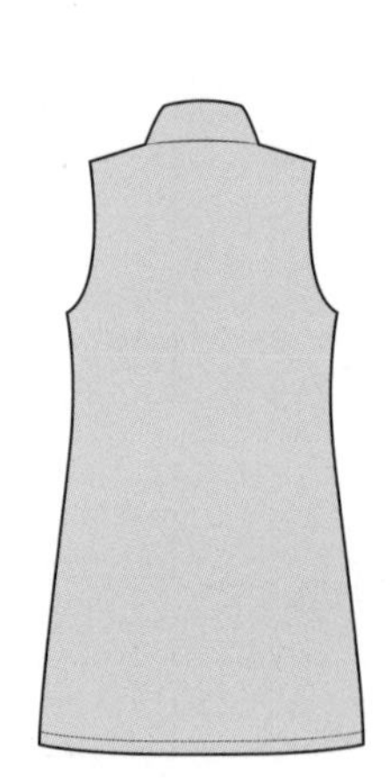

款式图

规格确定

单位：cm

衣长	80
肩宽	40
胸围	98

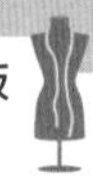

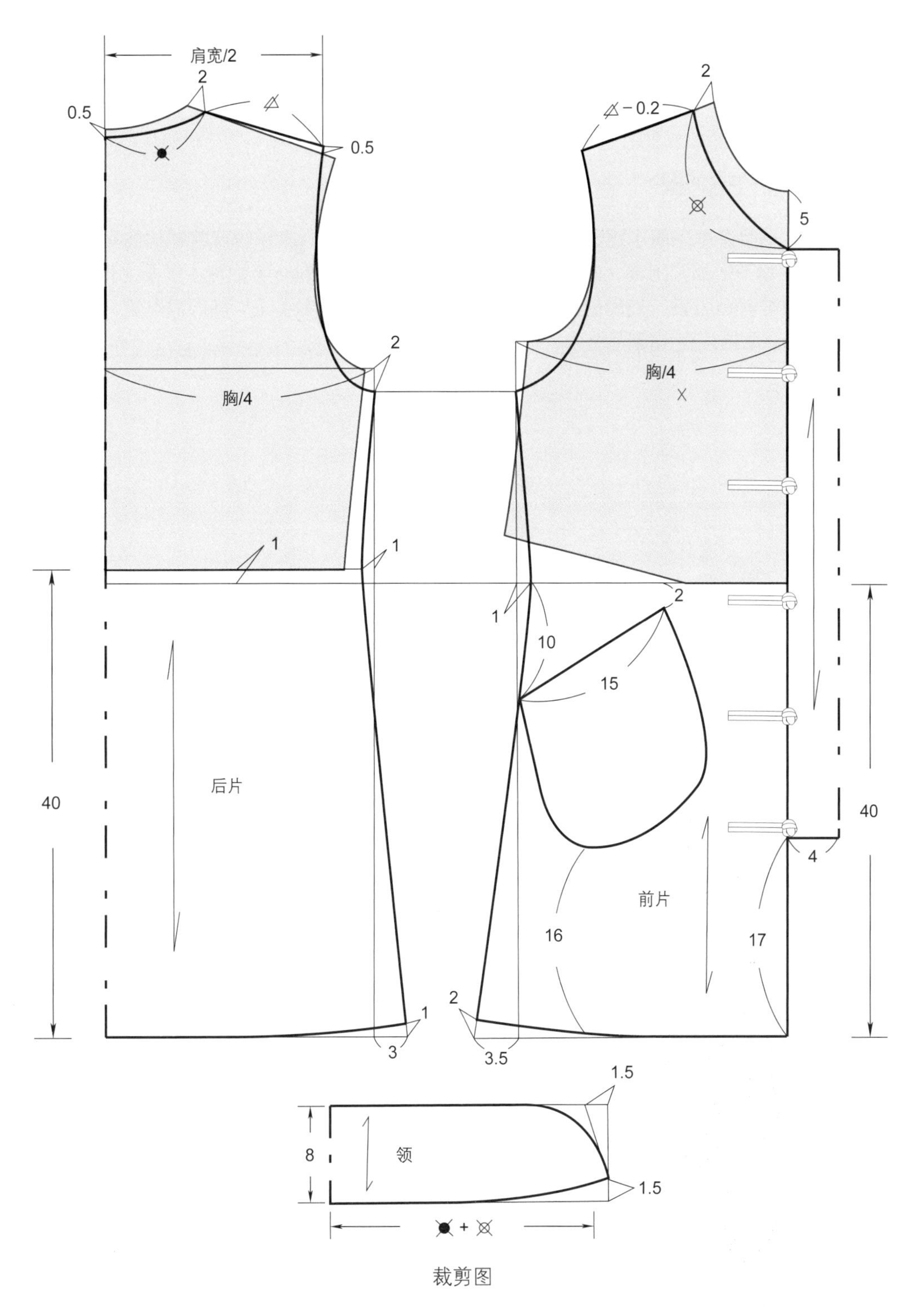

裁剪图

裁剪片数

前衣片	2片	领子片（整）	2片	袖片（整）	1片	过面片	1片
后衣片（整）	1片	底襟片（整）	1片	扣袢	6对	贴袋片	2片

实例 5-11 男式春秋对襟单马甲

裁剪制作说明：

此款男式马甲造型采用了比例裁剪的制板方法，是一款适合春秋季穿着的棉质马甲。其由前身、后身、领子三部分组成，前身对襟设计了5对手工盘制的一字扣袢；领子为传统立领；前衣身左右对称有贴口袋；袖窿的制作可采用斜条布包裹的技术手法；前门襟贴边、袖窿、贴袋上口边及衣身底摆均有缉缝明线。

效果图

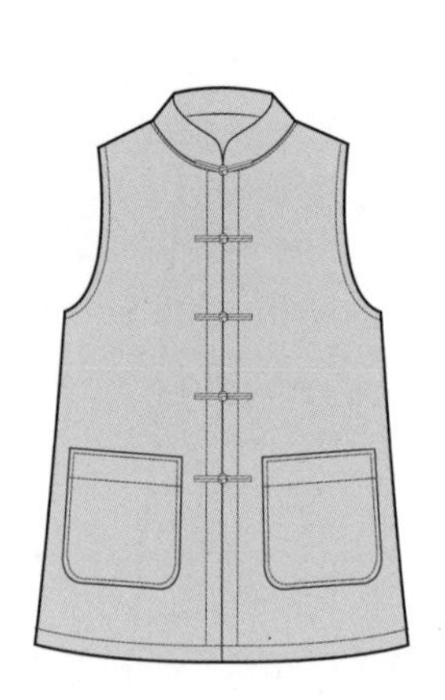

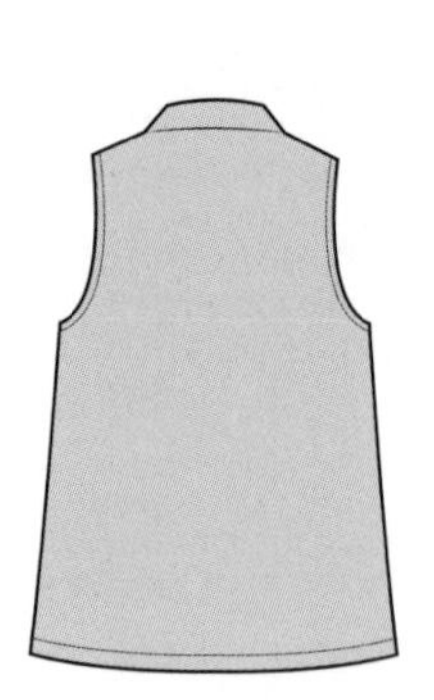

款式图

规格确定

单位：cm

衣长	75
肩宽	43
胸围	106

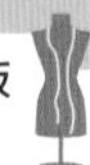

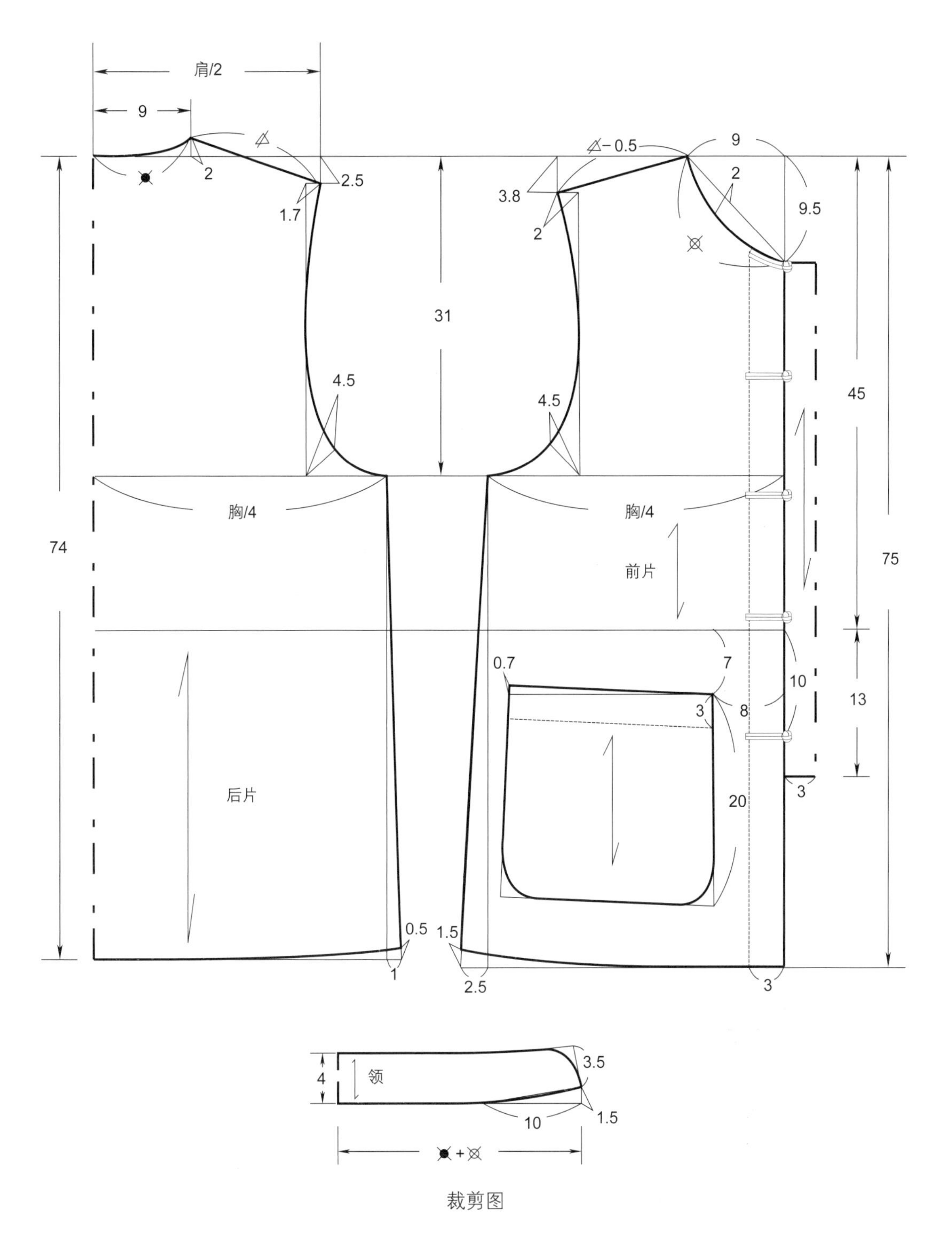

裁剪图

裁剪片数

前衣片	2片	领子片（整）	2片	贴袋片	2片	底襟片（整）	1片
后衣片（整）	1片	袖窿斜条	2条	过面片	2片	扣袢	5对

实例 5-12 男式春夏香云纱拼色马甲

裁剪制作说明：

此款男式马甲造型借鉴了传统中式服装的元素，采用比例裁剪方法进行制板与裁剪。其由前身、后身、领子三部分组成，前身裁剪加入了1cm的撇胸量；对襟为5对手工盘制的一字扣袢；领子为传统立领；前、后衣身设计的分割线采用两种具协调色调的香云纱进行拼接制作。此款造型，制作单、夹马甲均可。

效果图

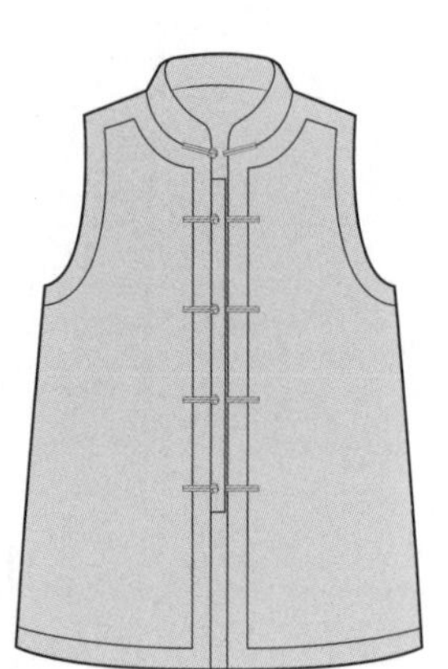

款式图

规格确定

单位：cm

衣长	76
肩宽	43
胸围	110

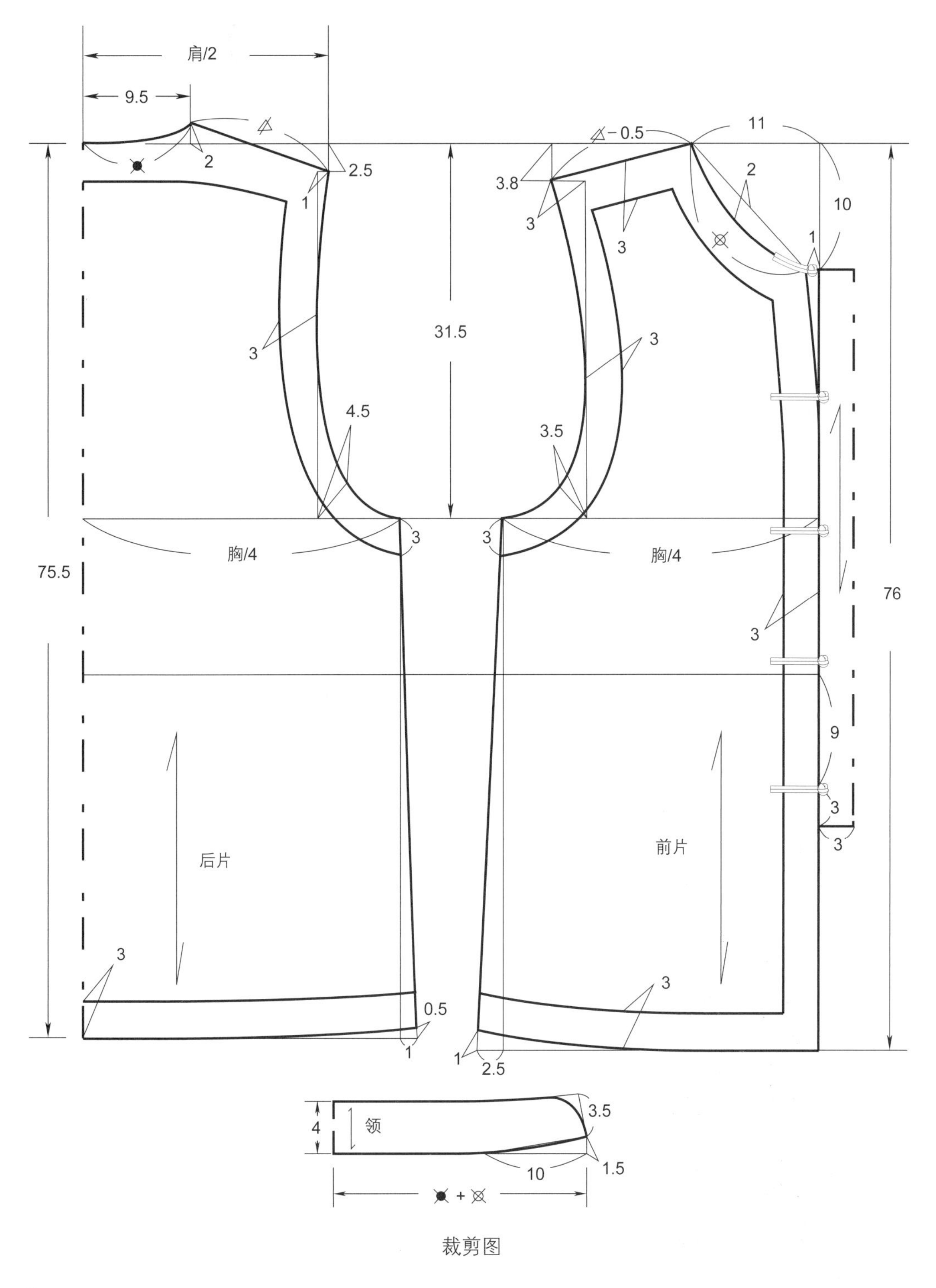

裁剪图

裁剪片数

前衣片	2片	领面片（整）	1片	后身分割片（整）	2片	扣袢	5对
后衣片（整）	1片	领里片（整）	1片	前身分割片	2片	底襟片（整）	1片

实例 5-13 中式无领纯毛拼色男马甲

裁剪制作说明：

此款造型为无领男式夹马甲，采用比例裁剪方法进行制板与裁剪。其由前身、后身、领子三部分组成；对襟共5对手工盘制的一字扣袢；圆领口；前、后衣身设计的分割线采用两种协调的色调进行拼接。该款面料为纯毛质地，配有里布。

效果图

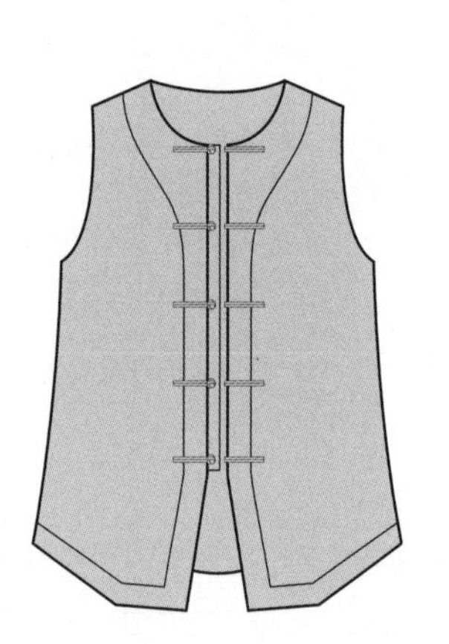

款式图

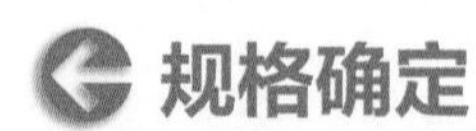

规格确定

单位：cm

衣长	80
肩宽	43.5
胸围	112

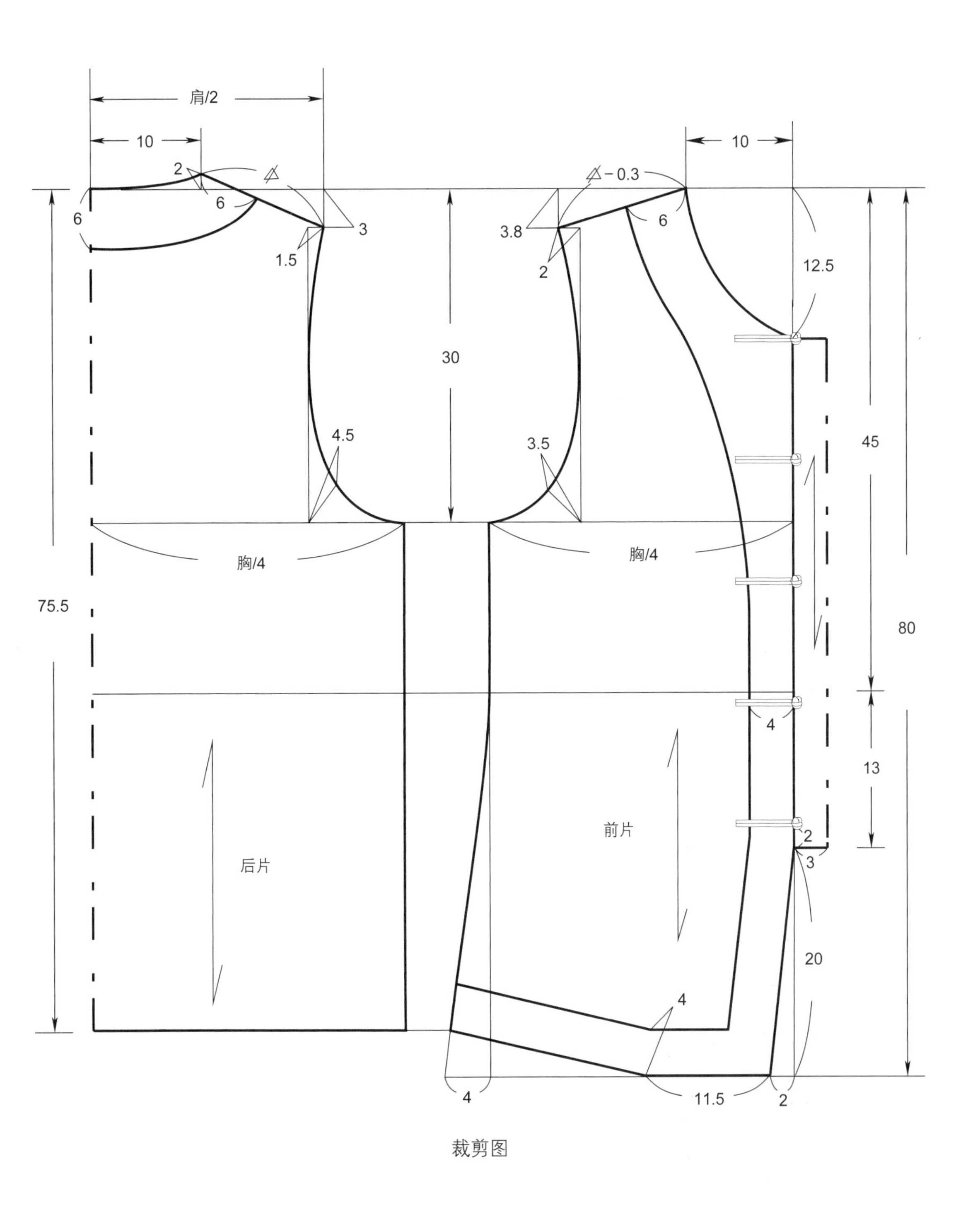

裁剪图

裁剪片数

前衣片	2片	前过面片	2片	前拼接片	2片	底襟（整）	1片
后衣片（整）	1片	后领贴边片（整）	1片	后拼接片（整）	1片	扣袢	5对

实例 5-14 织锦缎镶边男马甲

裁剪制作说明：

此款男式马甲的造型、裁剪方法、工艺技法均采用了中式服装的元素。其选用织锦缎面料进行拼接、镶嵌、绲边及手工盘扣等传统工艺，是一款适合春秋季穿着的夹马甲。

效果图

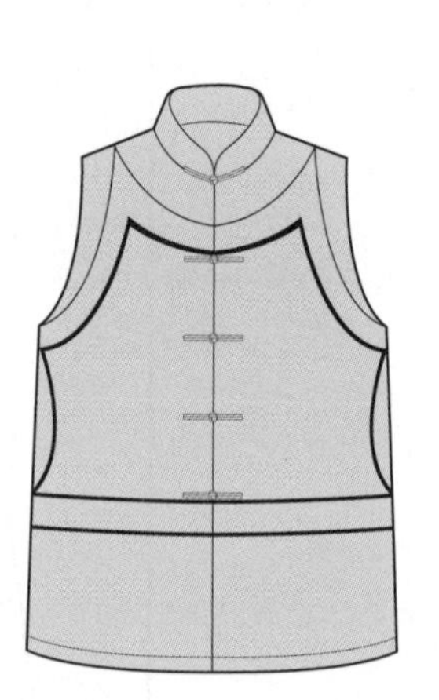
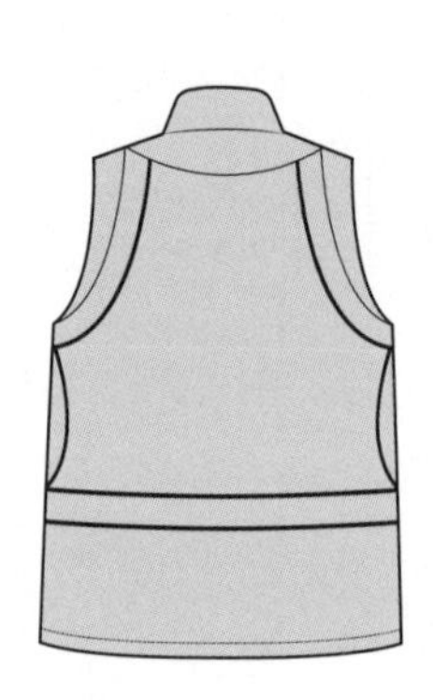

款式图

规格确定

单位：cm

衣长	80
肩宽	44
胸围	114

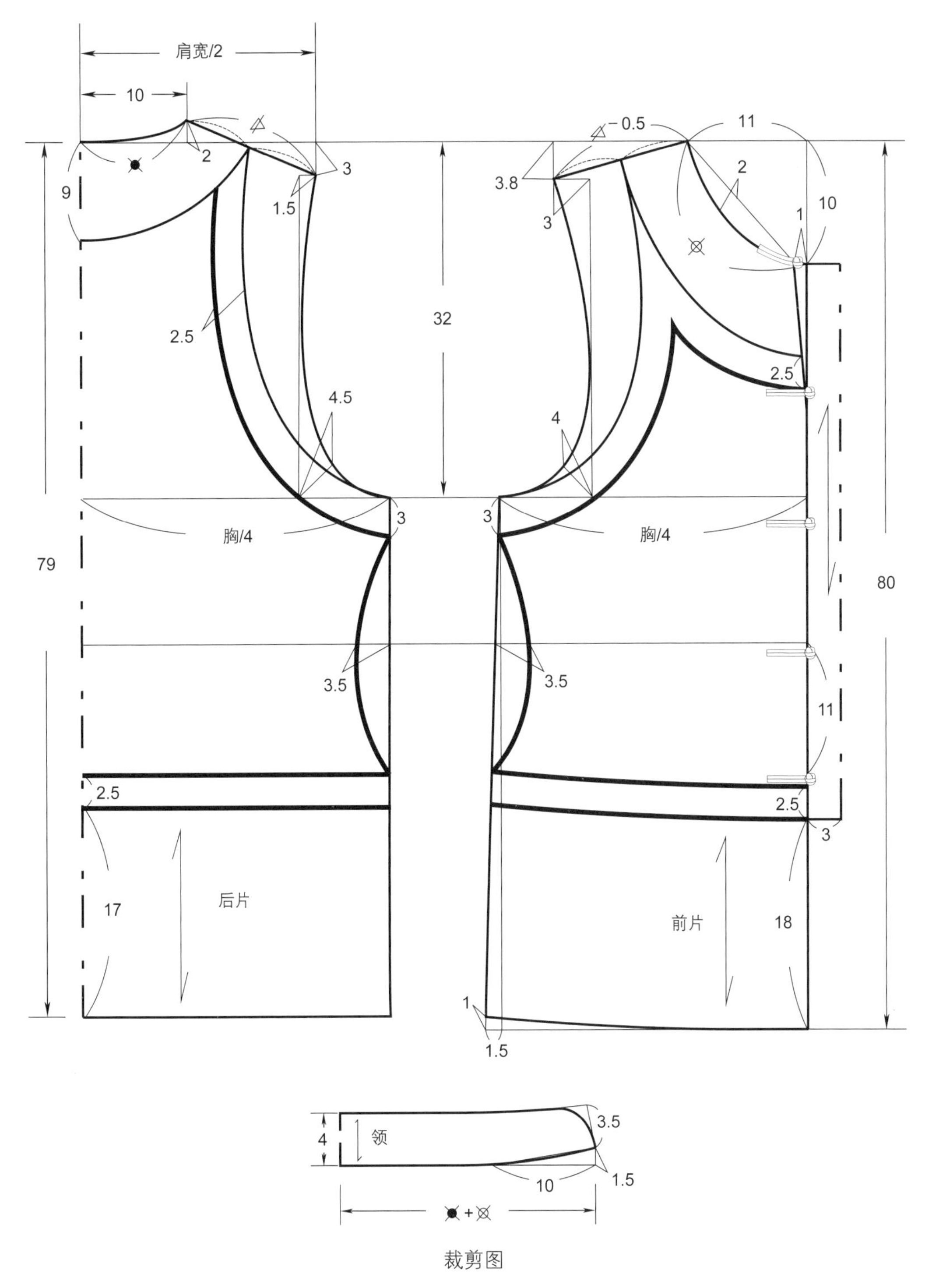

裁剪图

裁剪片数

前衣片	2片	前袖窿拼接片	2片	领面片（整）	1片	领里片（整）	1片
后衣片（整）	1片	后领拼接片（整）	1片	镶嵌条	14片	底襟片（整）	1片
前领口拼接片	2片	后袖窿拼接片	2片	扣袢	5对	绲边条	7条

第6章 中式罩衣的裁剪制作与制板

实例 6-1 中式立连领对襟春秋罩衣

裁剪制作说明：

此款造型借鉴了传统中式服装的元素，为四开身结构的衣连袖式罩衣，适合春秋季穿着。前身设计为对襟，共3副手工盘制的蒜盘扣袢；领子为尺寸较窄的立连领，配有装饰性一字盘扣。其后身为整身裁剪；衣连袖造型结构类似蝙蝠袖；袖口设计较为宽松，在袖子内缝处有开衩。此款中式罩衣，选用桑蚕丝裁剪制作。

效果图

款式图

规格确定

单位：cm

衣长	58
肩宽	40
胸围	96
袖长	56
袖口	38

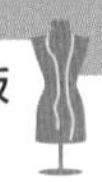

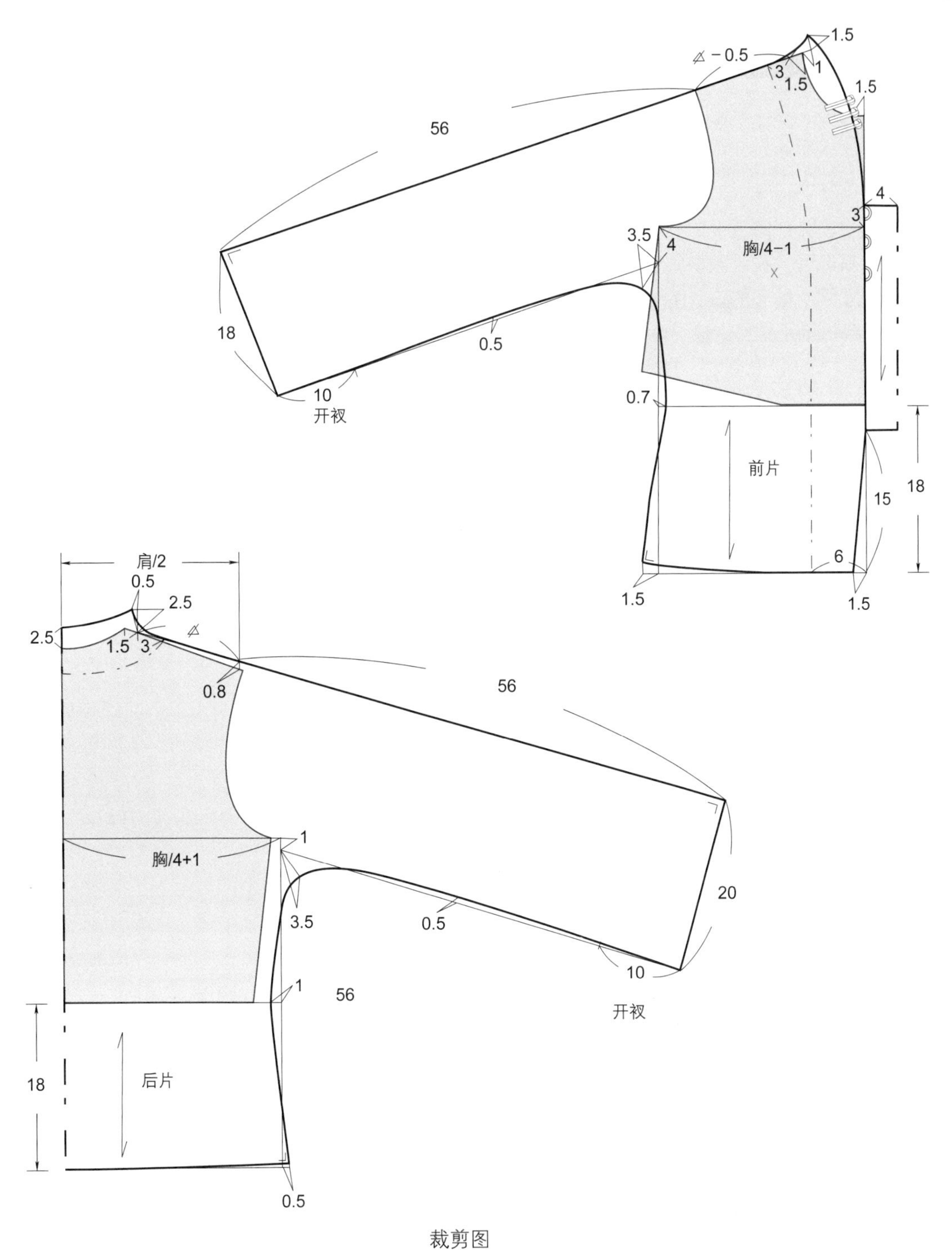

裁剪图

裁剪片数

前衣片	2片	底襟片（整）	1片
后衣片（整）	1片	后领贴边（整）	1片
过面片	2片	扣袢、装饰扣	6副

实例6-2 中式改良对襟罩衫

裁剪制作说明：

此款造型具备了传统中式服装的基本元素，由前身、后身、袖子、领子四部分组成。其前衣对襟造型，右片衣身有搭门，左片无搭门；手工盘制的蒜盘扣共4对；领子为趴领造型的中式窄立领；袖子的设计为中长袖；衣身整体比较宽松，衣摆侧缝两边加入了旗袍元素的开衩。其面料可选用真丝、棉、麻等制作。

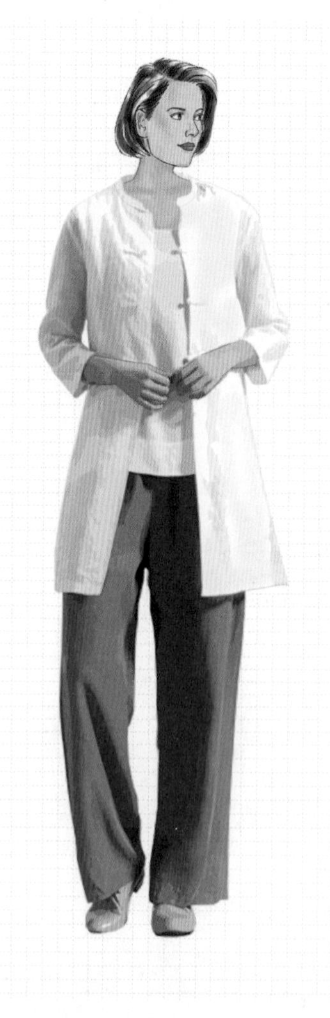

效果图

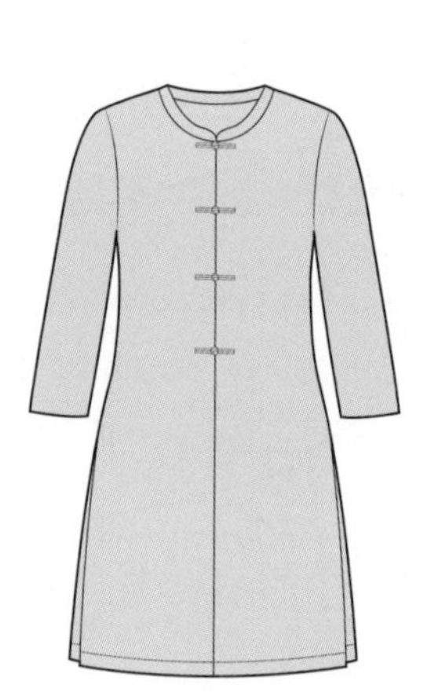
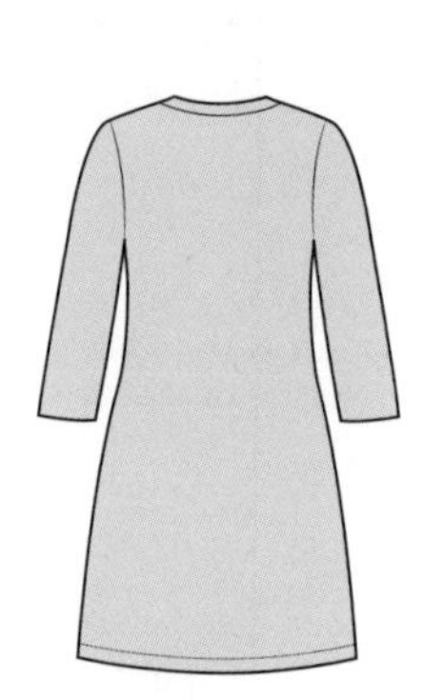

款式图

规格确定

单位：cm

衣长	80
肩宽	40
胸围	100
袖长	43

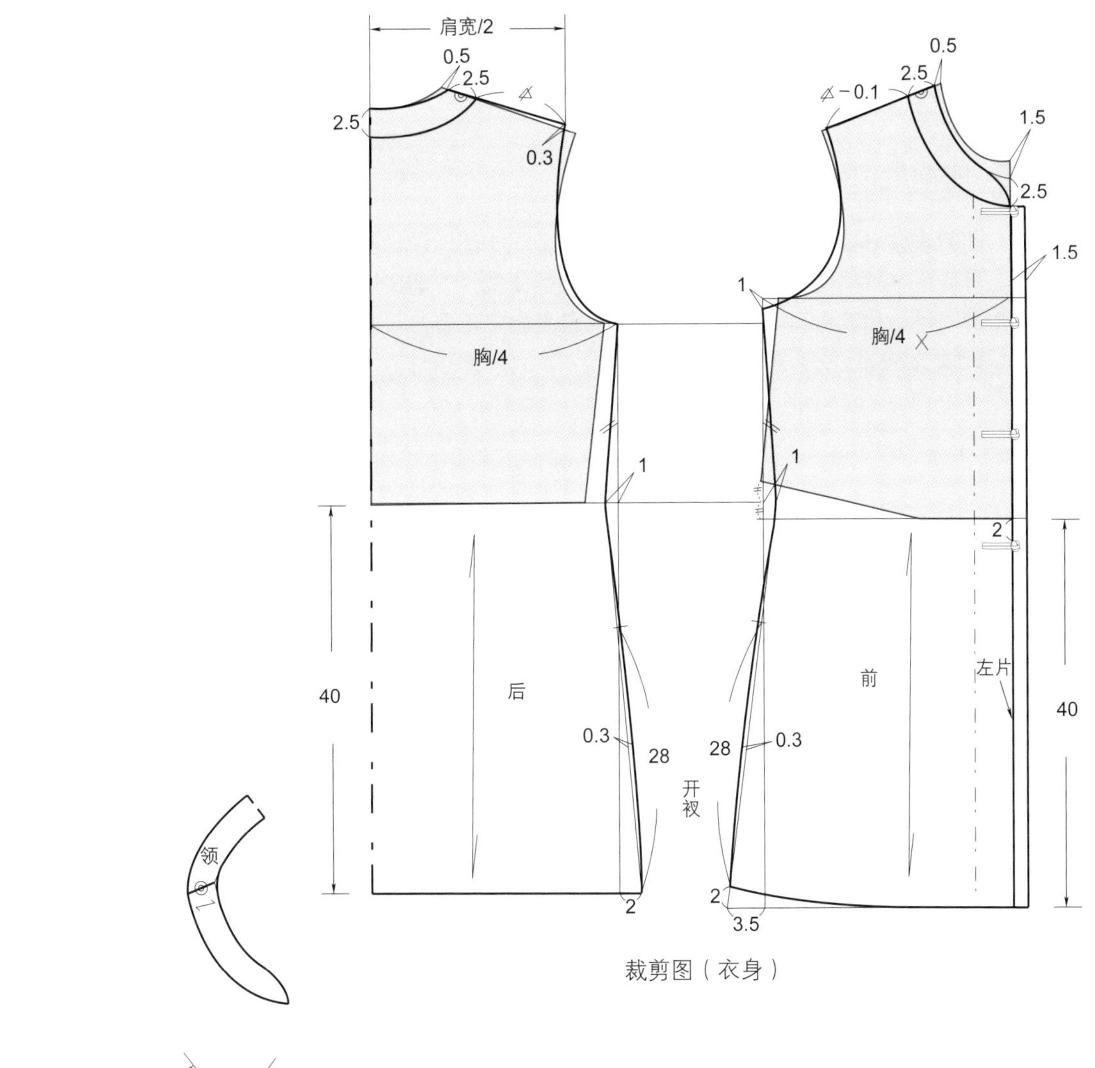

裁剪图（衣身）

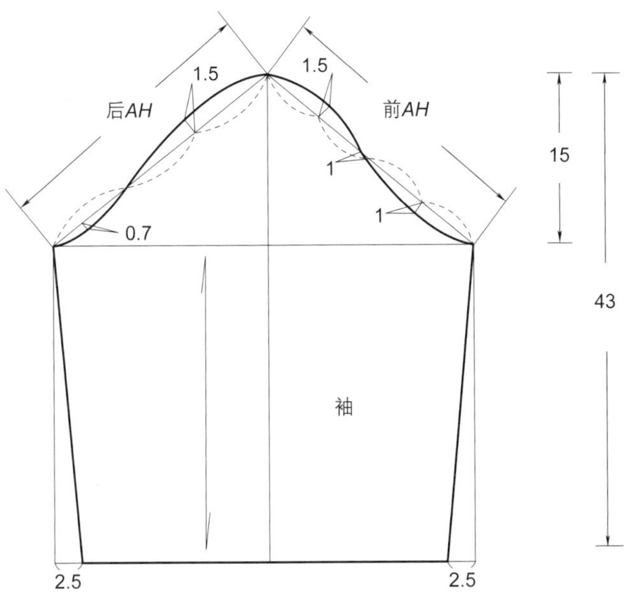

裁剪图（领、袖）

裁剪片数

前衣片	2片
后衣片（整）	1片
过面片	2片
袖子片	2片
领子片（整）	2片
扣袢	4对

实例 6-3 春秋喇叭袖对襟织锦缎罩衣

裁剪制作说明：

此罩衣是一款具有民国时期风格的中式服装造型，织锦缎的材质夹层罩衣适合春秋季节穿着。其衣连袖式的结构与腰身的刀背线成为整体裁片；前身设计为对襟，共4副手工盘制的琵琶扣袢；前、后衣身有刀背缝；前侧片的省道合并转移为刀背缝省道；后片中缝为破背缝。此外，其领子为立连领；袖口呈喇叭造型。

效果图

款式图

规格确定

单位：cm

衣长	61
肩宽	41
胸围	96
袖长	58

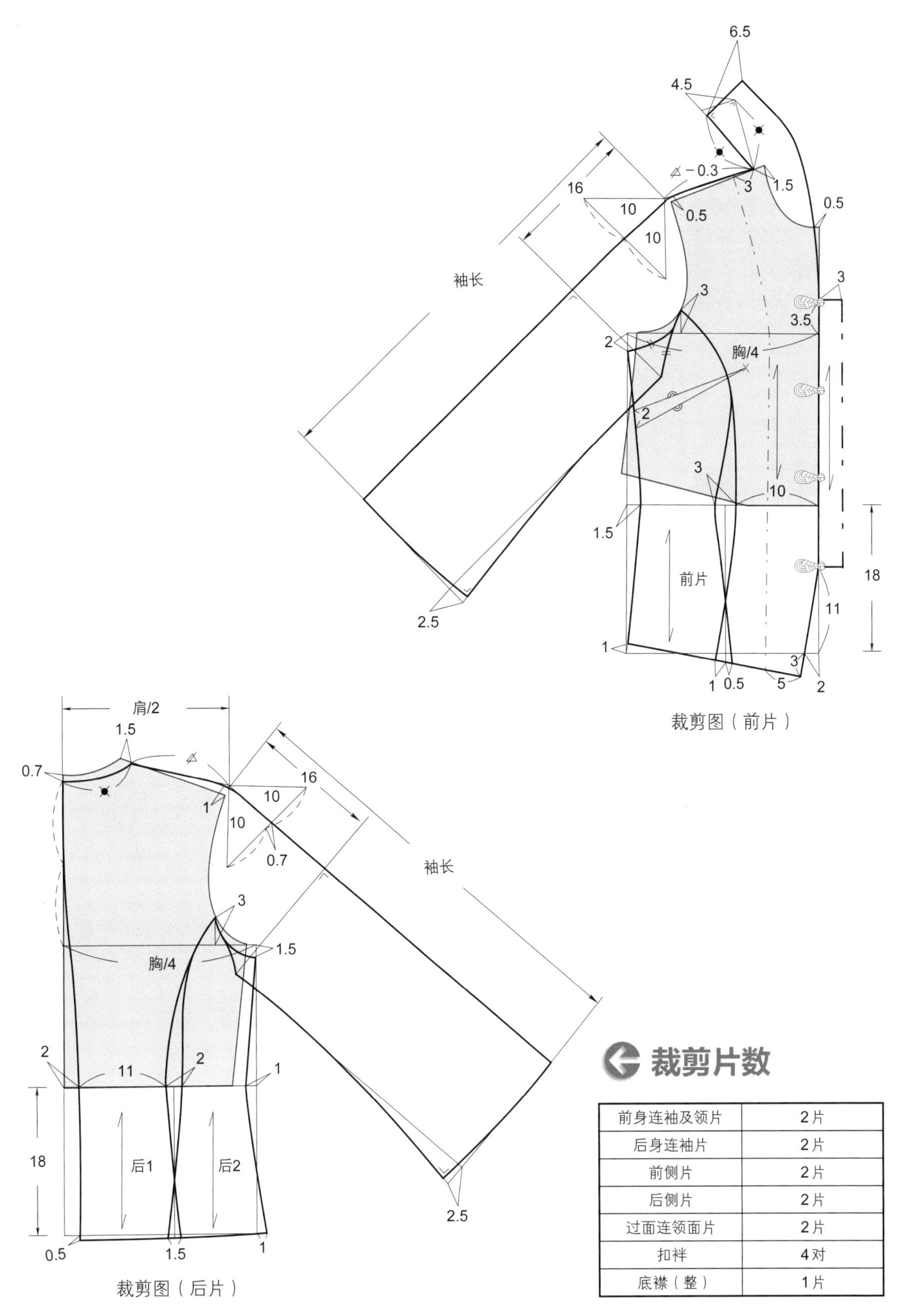

裁剪图（前片）

裁剪图（后片）

裁剪片数

前身连袖及领片	2片
后身连袖片	2片
前侧片	2片
后侧片	2片
过面连领面片	2片
扣袢	4对
底襟（整）	1片

实例 6-4 织锦缎立连领皮毛镶边罩衣

裁剪制作说明：

此款造型为四开身造型，由前身、后身、袖子和领子四部分组成。其前后衣身有腰省，立连领对襟钉缝3对手工盘扣；袖子设计有中缝，袖口处设计为圆角开衩；口袋为袋盖的挖兜；前身有腋下省道。此款的制作特点是在衣身前襟止口、领外口边、袖口及开衩部位使用皮毛勾缝。可选用织锦缎面料裁剪制作成夹层罩衣。

效果图

款式图

规格确定

单位：cm

衣长	67
肩宽	41
胸围	98
袖长	60

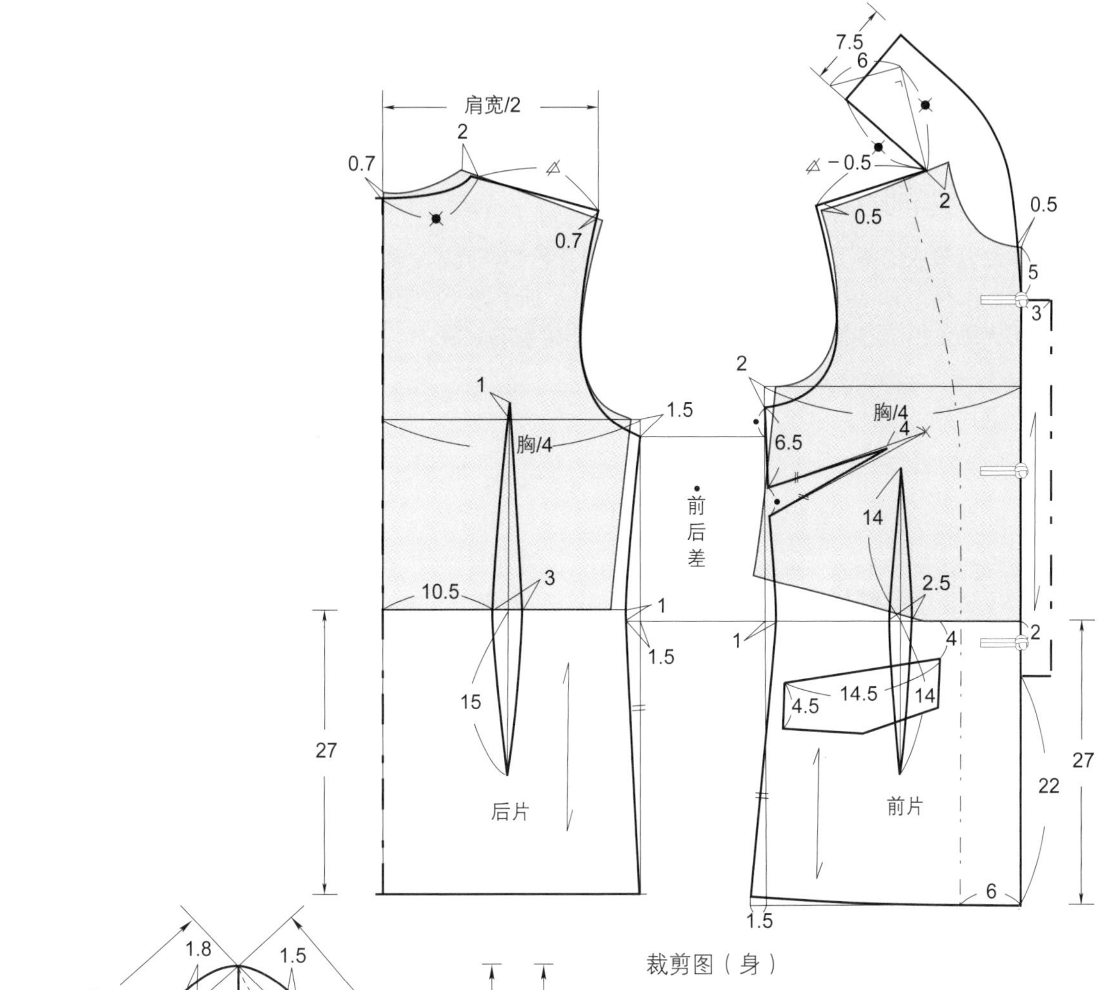

裁剪图（身）

裁剪图（袖）

裁剪片数

前身连领片	2片
后身片（整）	1片
前袖片	2片
后袖片	2片
过面连领面片	2片
扣袢	3对
底襟片（整）	1片
袋盖片	2片

实例 6-5 中式改良旗袍式罩衣

裁剪制作说明：

此款罩衣借鉴了传统中式服装的造型及工艺制作元素。其选用黑色立绒与织锦缎面料搭配裁剪；前身为对门襟；6粒袢扣；后身为整片；袖子为一片圆装袖。其领口、衣身及袖口的拼缝处可夹缝金色镶边条制作，是一款适合春秋季穿着的服装。

效果图

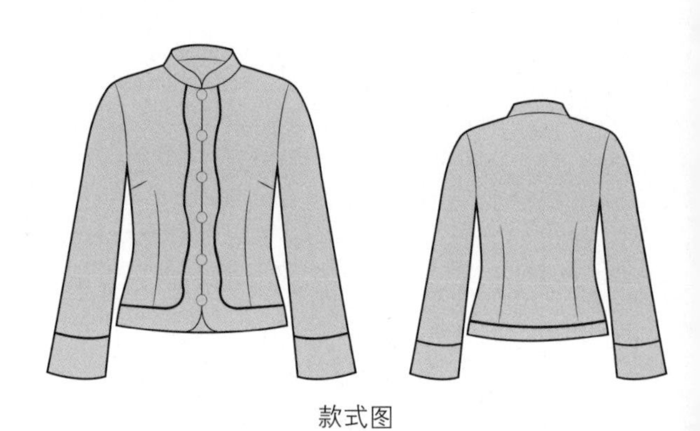

款式图

规格确定

单位：cm

衣长	58
肩宽	40
胸围	94
袖长	58
袖口	28.5

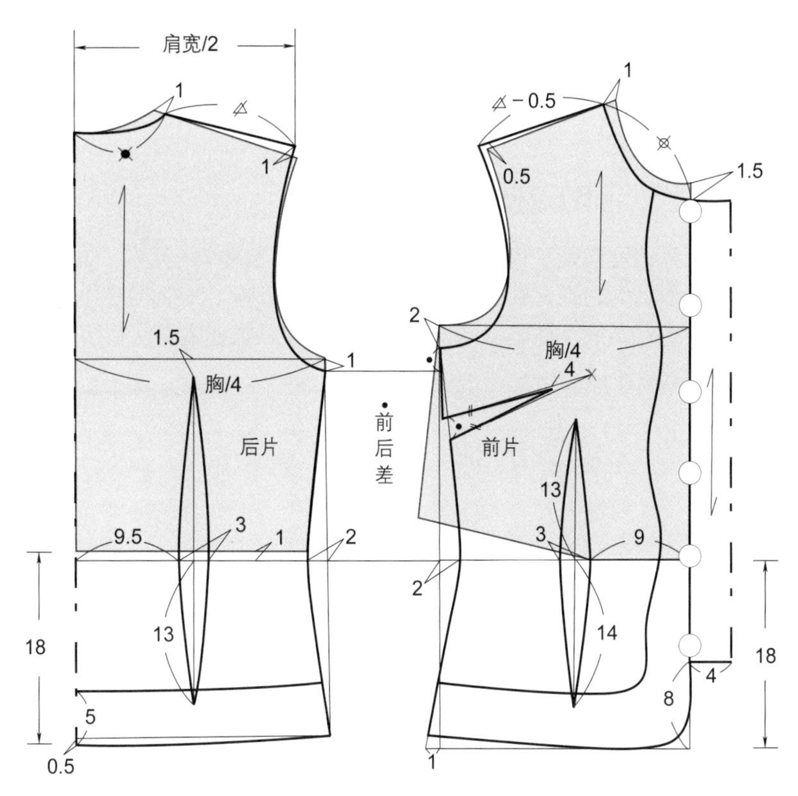

裁剪图（身）

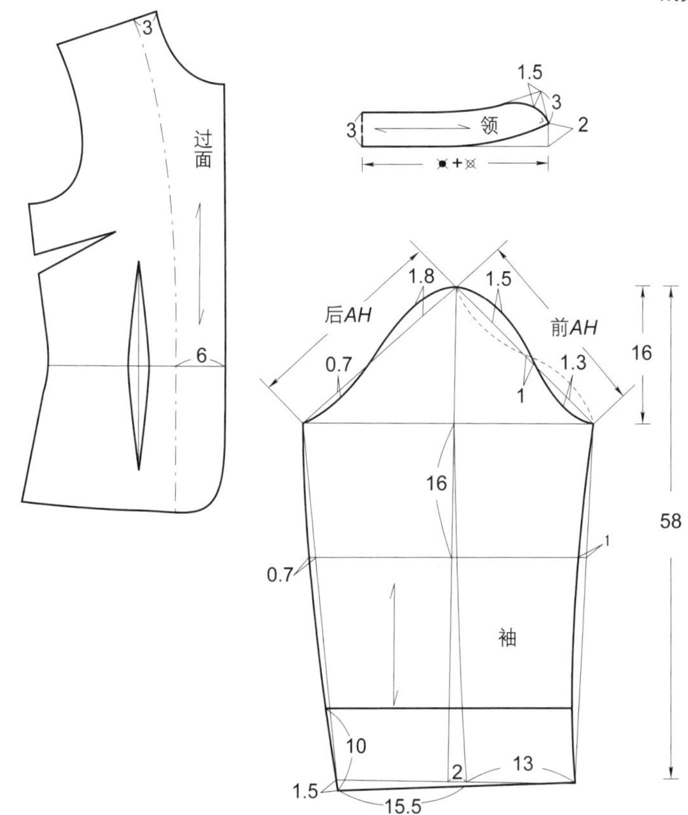

裁剪图（领、袖、过面）

裁剪片数

前身片	2片
前身分割片	2片
后身片（整）	1片
后身分割片（整）	1片
领面片（整）	1片
领里片（整）	1片
过面片	2片
袖片	2片
底襟片（整）	1片
扣袢	6副

实例 6-6 真丝改良民国风中式罩衣

裁剪制作说明：

此款造型借鉴了传统中式服装结构及工艺制作的元素，为前后相连、无肩缝十字形结构。其前身设计为对襟，共3副手工盘制的蒜盘扣袢；纯中式立领，整个衣摆底边、扣袢及袖口边选用了黑色贡缎；袖口设计较为宽松。此款罩衣选用真丝薄纱搭配背心，是一款适合春夏季穿着的中式服装。

效果图

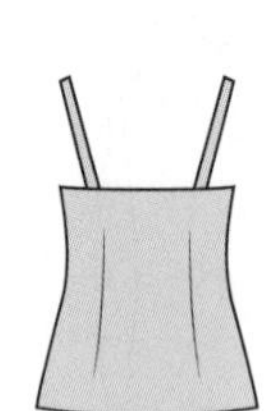

款式图

规格确定

单位：cm

衣长	70
肩袖长	71
胸围	112
袖口	42
背心长	56
背心胸围	90

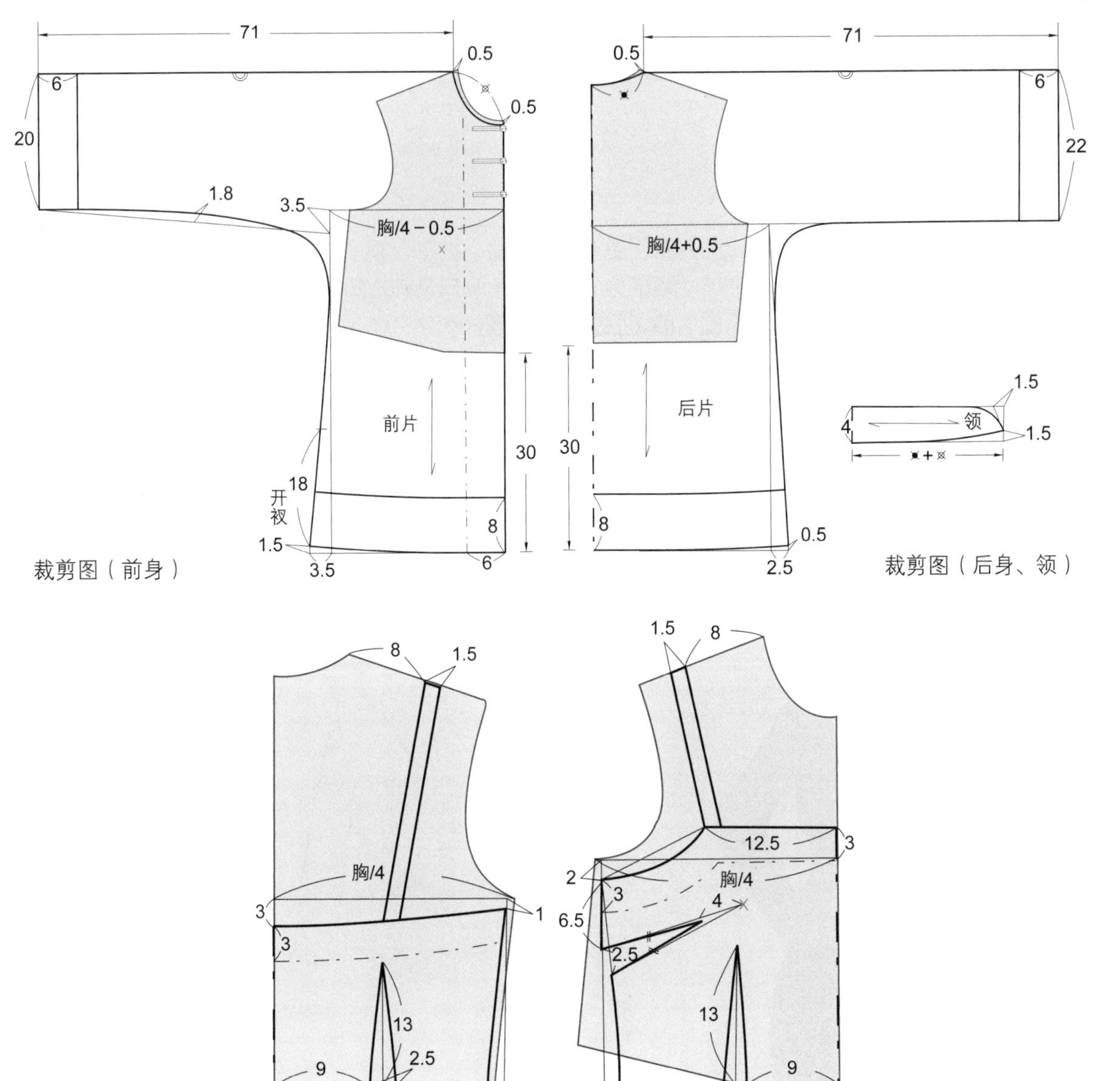

裁剪图（背心）

裁剪片数

前身片	2片	后身片（整）	1片	扣袢	3对	背心前贴边（整）	1片
前身分割片	2片	后身分割片（整）	1片	背心前片（整）	1片	背心前贴边（整）	1片
领面片（整）	1片	过面片	2片	背心后片（整）	1片	背心吊带（前后）	2片
领里片（整）	1片	前后袖口片	2片				

实例 6-7 中式民族风对襟棉麻罩衣

裁剪制作说明：

此款造型具有中式民族风的元素，由前身、后身、袖子、领子四部分组成。其特点是前襟镶嵌了手绣补花图案并配有流苏；领子为V形立领；领口及前止口夹缝了斜丝绲边条；前衣对襟造型无搭门；袖子为一片长袖；前、后衣身有腰省，衣身合体。其面料可选用棉、麻等天然纤维制作。

效果图

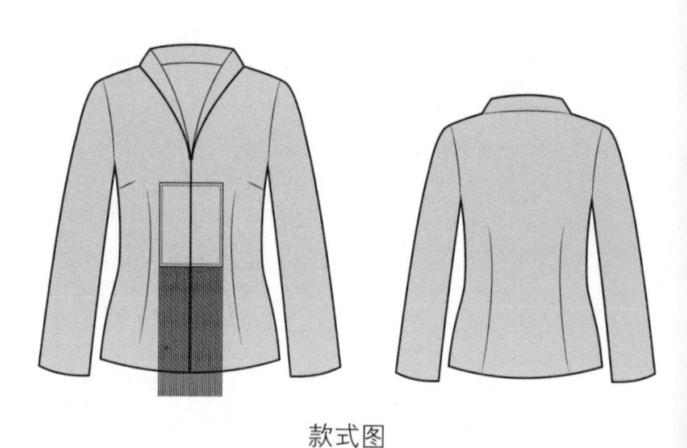

款式图

规格确定

单位：cm

衣长	55
肩宽	40
胸围	98
袖长	56
袖口	26

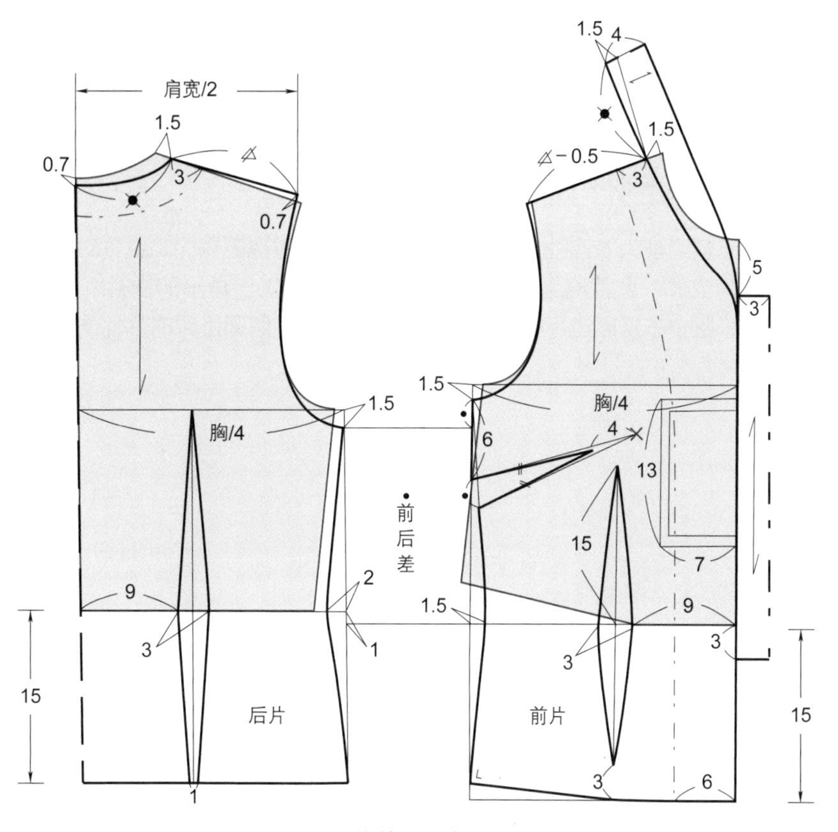

裁剪图（身）

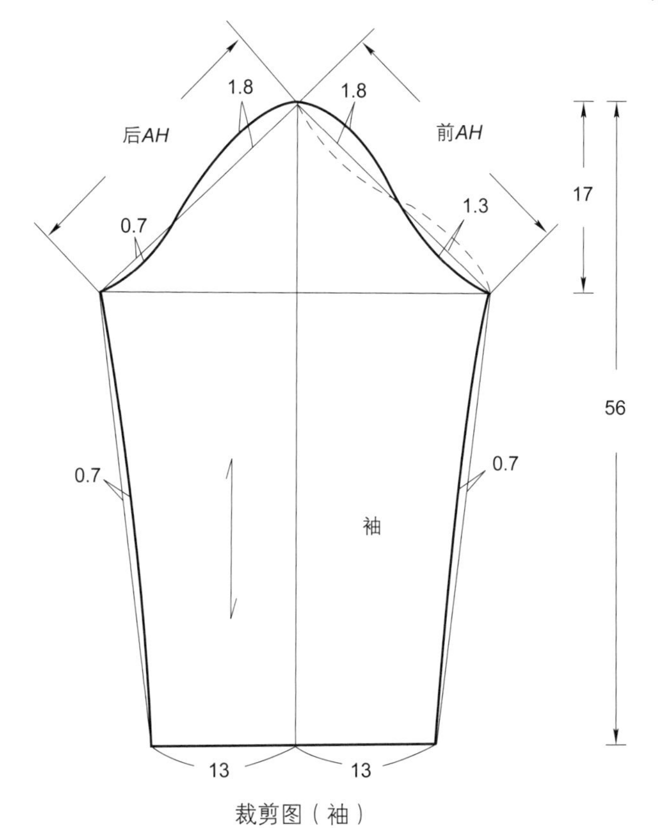

裁剪图（袖）

裁剪片数

前身片	2片
后身片（整）	1片
袖片	2片
过面片	2片
领片（整）	2片
底襟（整）	1片
绣片	2片
绲边条	1条

实例 6-8 中式衣连袖夹角罩衣

裁剪制作说明：

此款造型为衣连袖式中式罩衣。其前身为对襟无搭门，共6对手工盘扣；后身为整身裁剪；领子为立领。此款肩连袖造型特点是在腋下加入三角形的衣片。此款罩衣适合秋冬季节穿着，立领、整个衣摆底边及袖口边可选用与整个衣身色调协调的几何图案面料裁剪制作。

效果图

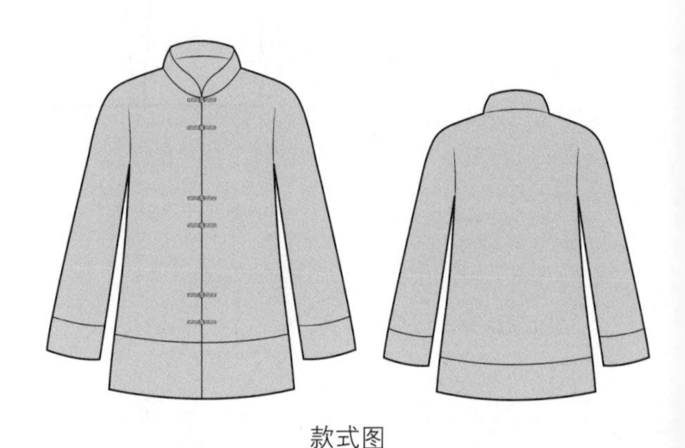

款式图

规格确定

单位：cm

衣长	62
肩宽	41
胸围	102
袖长	58
袖口	30

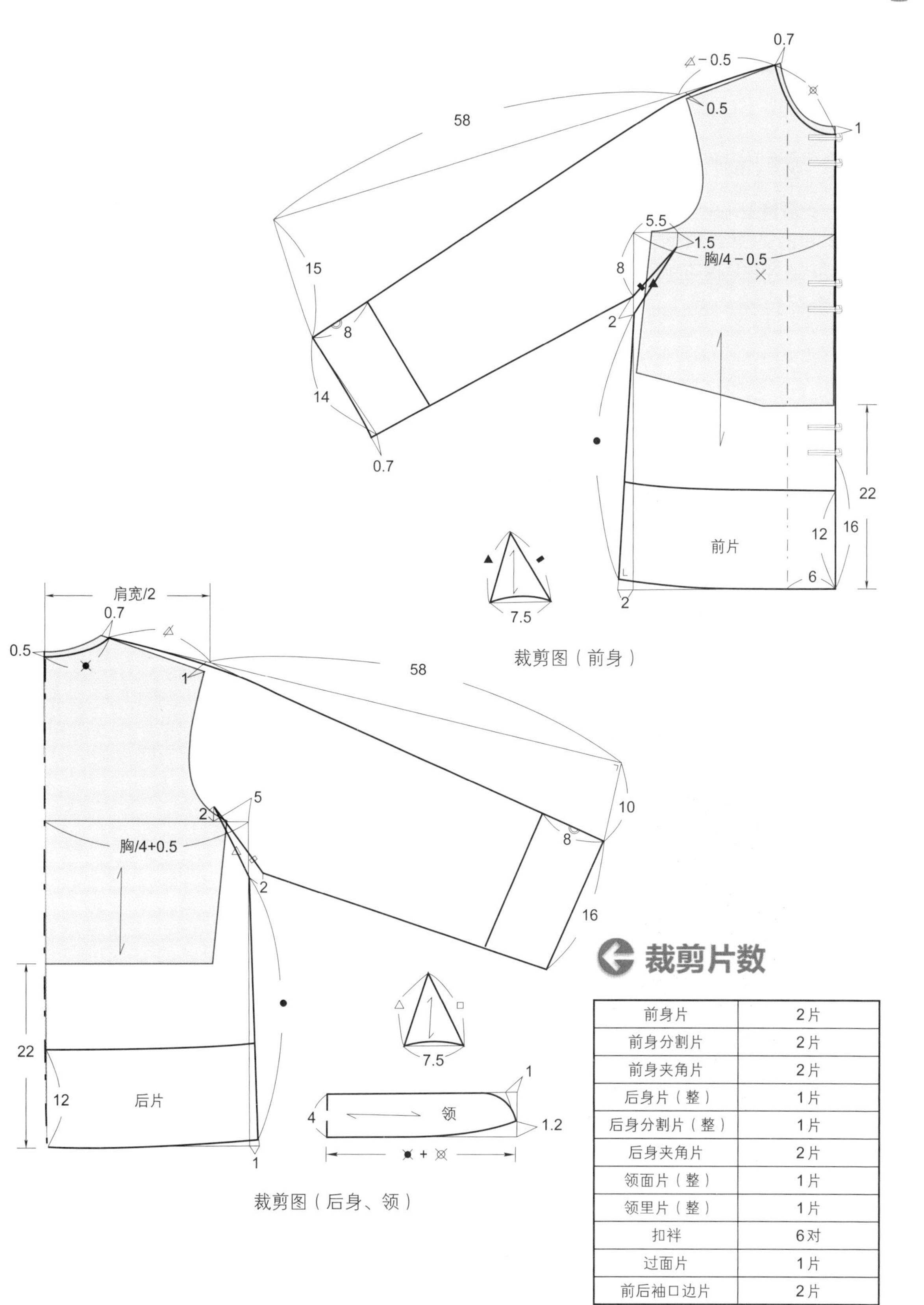

裁剪图（前身）

裁剪图（后身、领）

裁剪片数

前身片	2 片
前身分割片	2 片
前身夹角片	2 片
后身片（整）	1 片
后身分割片（整）	1 片
后身夹角片	2 片
领面片（整）	1 片
领里片（整）	1 片
扣袢	6 对
过面片	1 片
前后袖口边片	2 片

实例 6-9 春夏棉麻提花复古中式罩衫

裁剪制作说明：

此款造型采用了中国传统服装交领的元素，由前身、后身、袖子、领子四部分组成。领子为改良的交领结构；大襟及右侧共5对盘扣；袖子为中长袖；袖口、衣身底边采用缉缝方法。其面料选用棉麻提花制品。

效果图

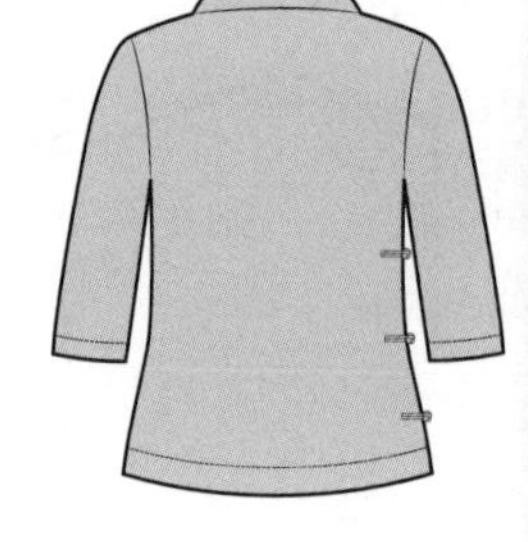
款式图

规格确定

单位：cm

衣长	54
肩宽	38
胸围	94
袖长	38

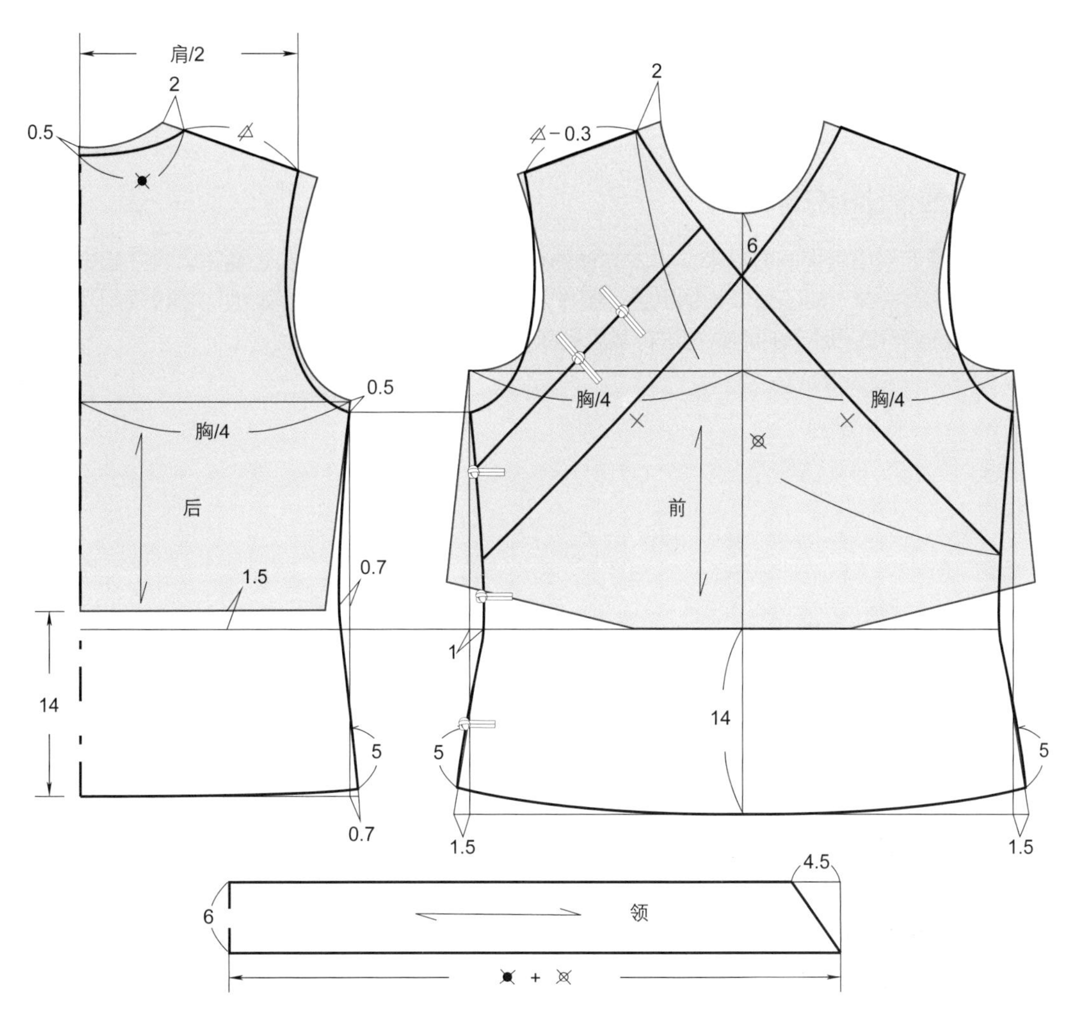

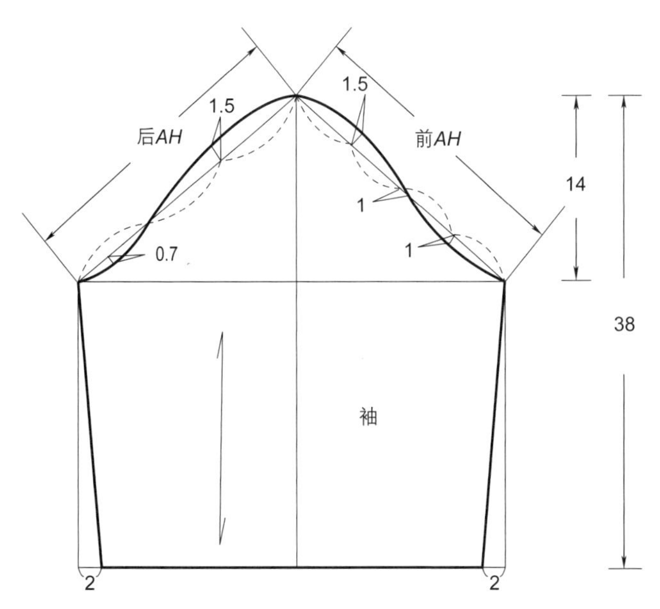

裁剪图

裁剪片数

前身片	2片
后身片（整）	1片
袖片	2片
领子片（整）	2片
扣袢	5对

实例 6-10 唐装斜襟宽松中式罩衫

裁剪制作说明：

此款造型采用旗袍的右斜襟、中式立领的传统元素，由前身、后身、袖子、领子组成。其大襟选用4对扣袢；袖子为中长喇叭袖；整个衣身宽松舒适；衣身底摆及袖口部位采用了绲缝工艺制作。其可选用透气棉麻织物进行裁剪制作。

效果图

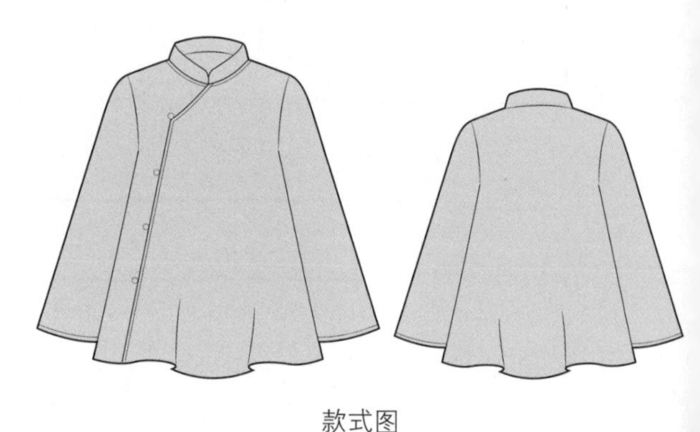
款式图

规格确定

单位：cm

衣长	58
肩宽	39
胸围	116
袖长	38

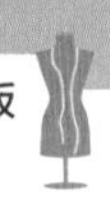

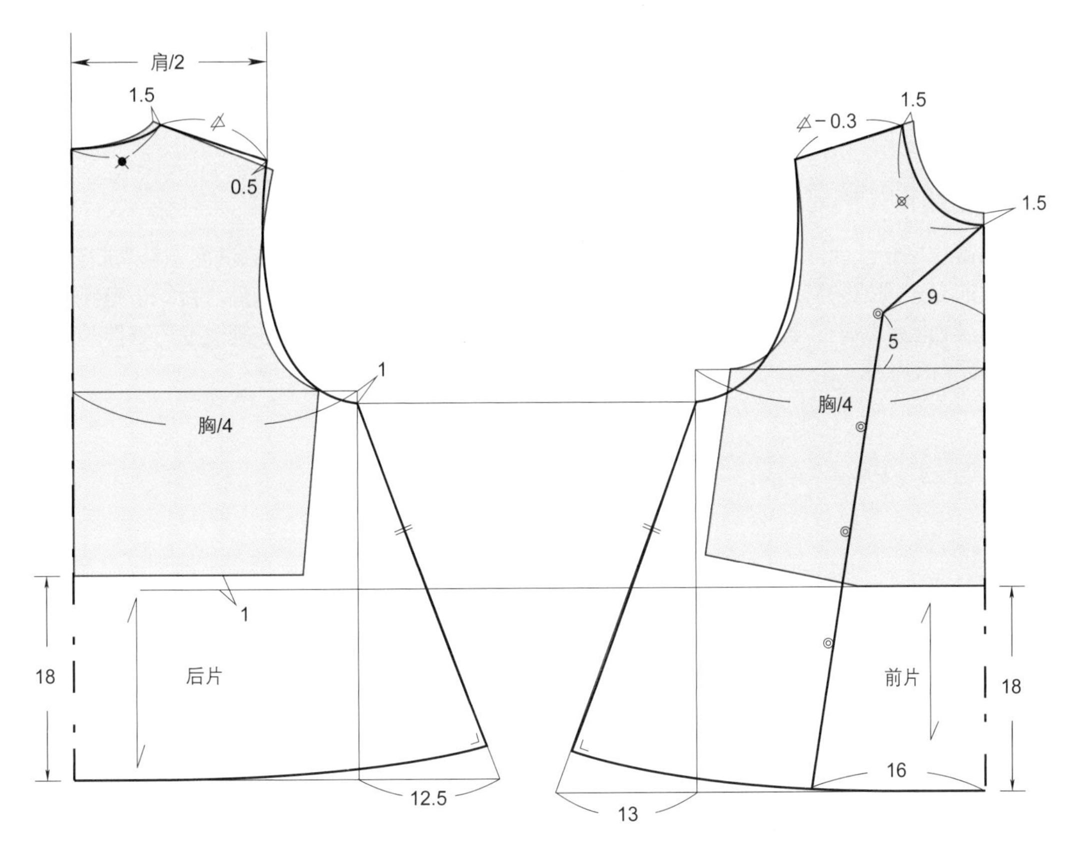

裁剪图（身）

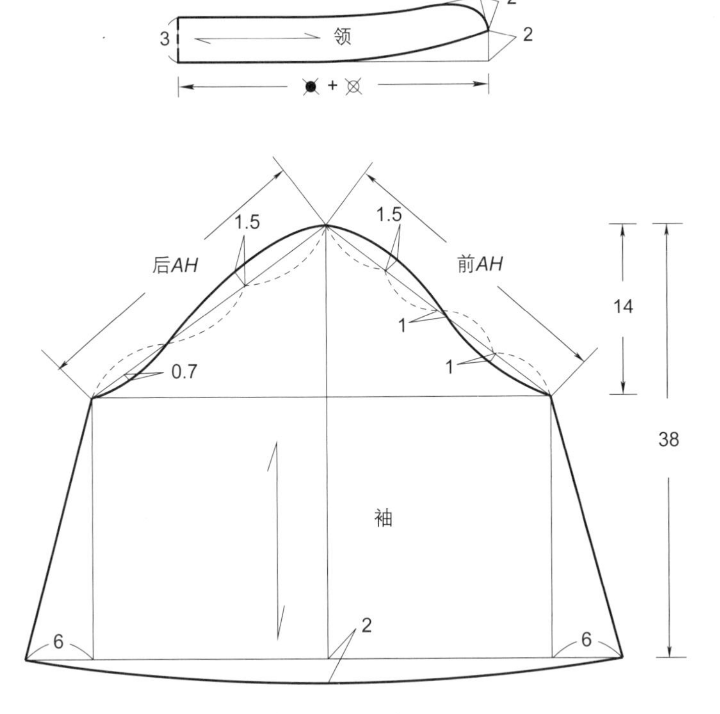

裁剪图（袖、领）

裁剪片数

前身大襟片（整）	2片
前身右襟片	2片
后身片（整）	1片
袖片	2片
领面片（整）	1片
领里片（整）	1片
扣袢	4对
大襟斜条	1条

实例 6-11 复古双层立领中式琵琶扣罩衣

裁剪制作说明：

此罩衣是一款合体收身结构的中式服装造型，织锦缎的材质夹层罩衣适合春秋季节穿着。其双层的立连领结构与双层的袖口运用具有统一协调色调的材质制作；前后衣片均设有腰省收腰；下摆为圆弧造型。其前身的对襟有3副手工盘制的琵琶扣袢；双层衣领及袖口制作时应注意里外面料的平服。

效果图

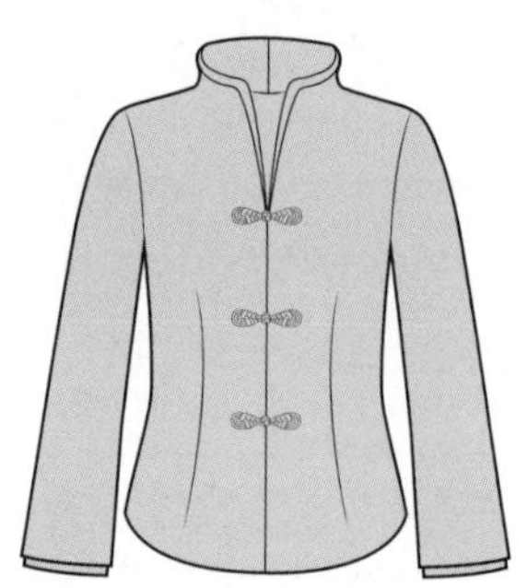

款式图

规格确定

单位：cm

衣长	63
肩宽	41
胸围	98
袖长	55
袖口	29

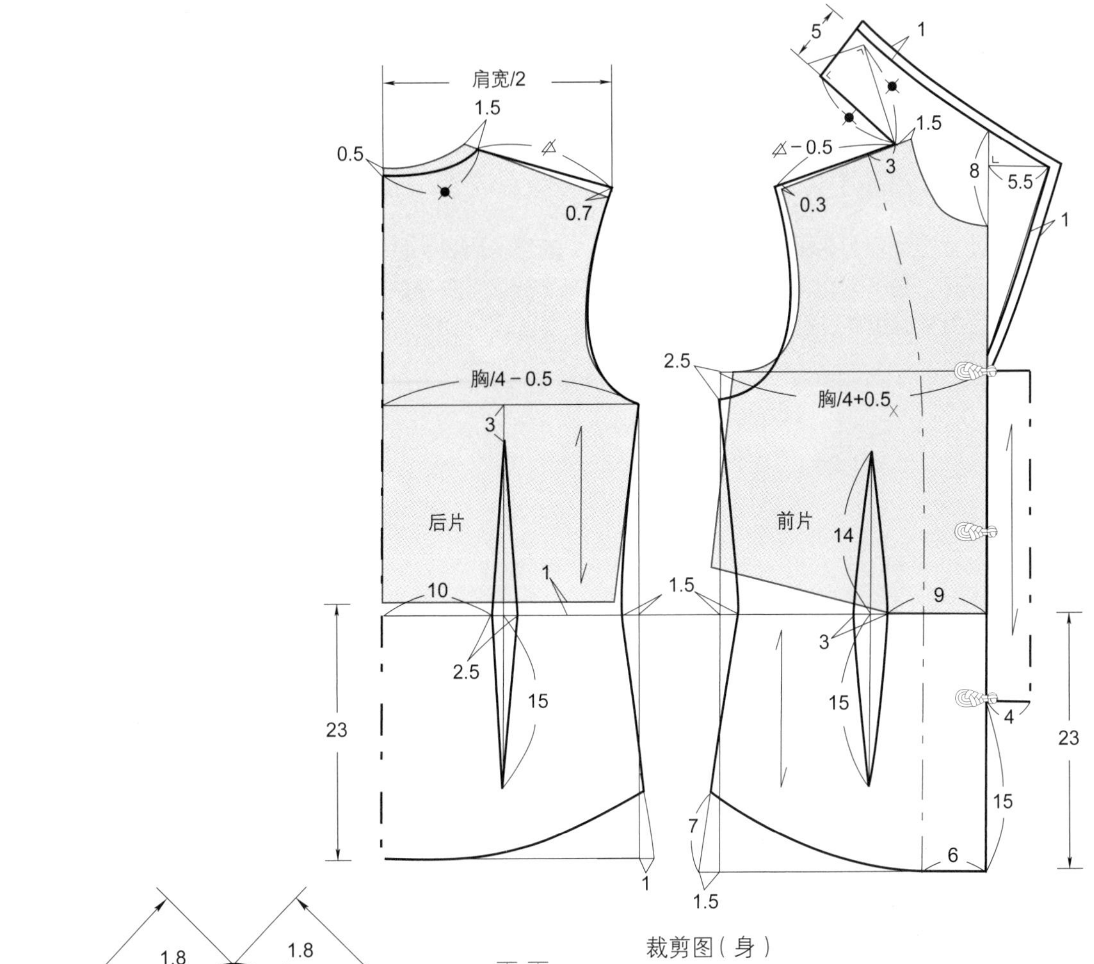

裁剪图（身）

裁剪图（袖）

裁剪片数

前身连领片	2片
过面连领片	2片
后身片（整）	1片
袖片	2片
底襟（整）	1片
内领片	4片
扣袢	3对
内袖口片	4片
前摆贴边	2片
后摆贴边（整）	1片

实例 6-12 中国风春秋棉麻罩衫

裁剪制作说明：

此款造型具有中式传统服装的元素，由前身、后身、袖子组成。圆领口的造型配置了装饰性的花扣；袖子为直筒长款袖；整个衣身宽松舒适；衣身底摆及袖口采用缉缝工艺制作。其可选用透气棉麻织物进行裁剪制作。

效果图

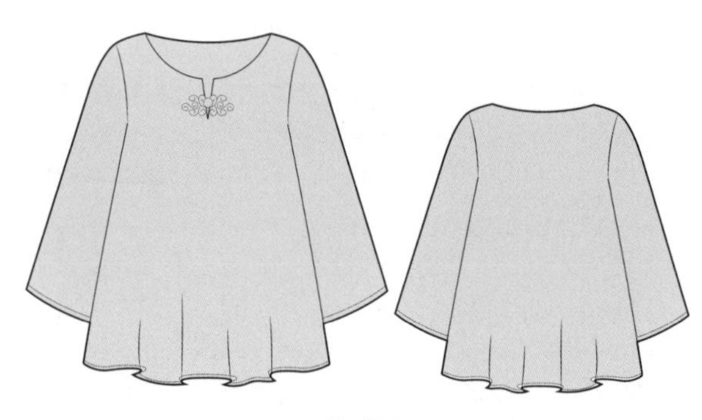

款式图

规格确定

单位：cm

衣长	62
肩宽	40
胸围	108
袖长	57

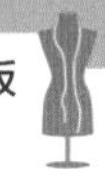

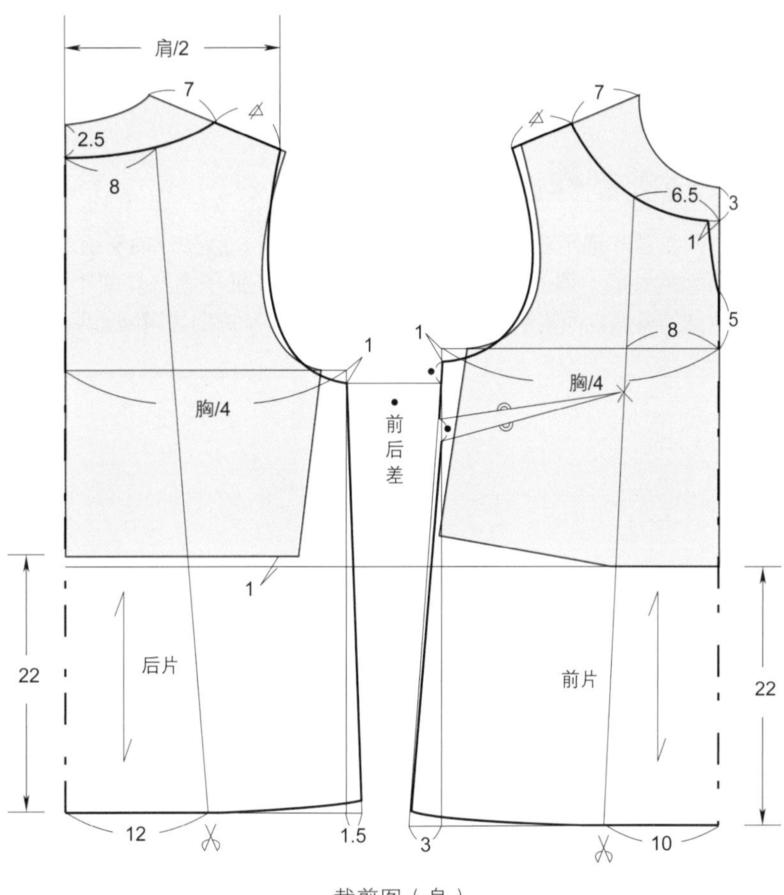

裁剪图（身）

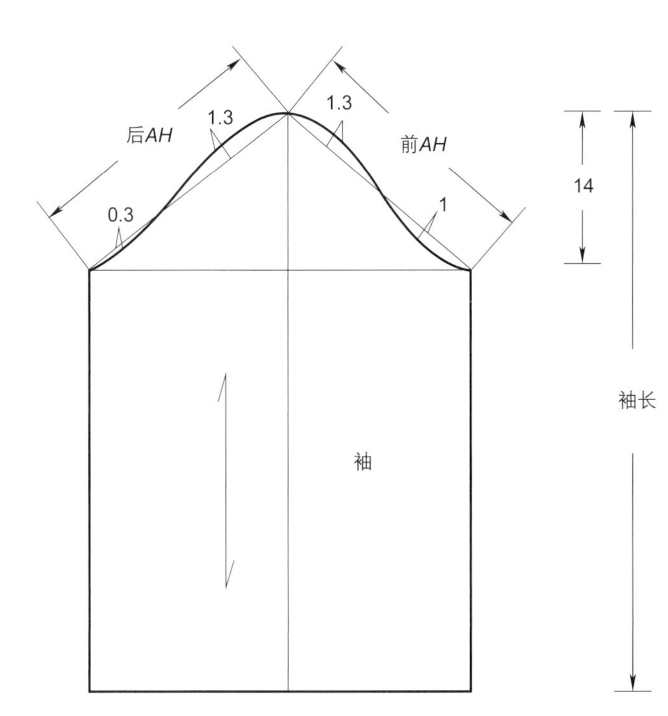

裁剪图（袖）

裁剪片数

前身片（整）	1片
后身片（整）	1片
前领口贴边（整）	1片
后领口贴边（整）	1片
袖片	2片
花扣	1对

实例 6-13 唐装长袖立连领罩衣

裁剪制作说明：

此款罩衣选用立连领左斜襟造型，由前身、后身、袖子组成。其前身衣片左右不对称；后衣身整片裁剪；领子为敞口较大的连领结构；袖子为一片袖；腰间采用腰带环绕、收紧腰部。此款选用桑蚕丝面料制作，前襟止口、底摆边及袖口边可缉缝明线；适合夏末初秋穿着。

效果图

款式图

规格确定

单位：cm

衣长	72
肩宽	40
胸围	100
袖长	58
袖口	26

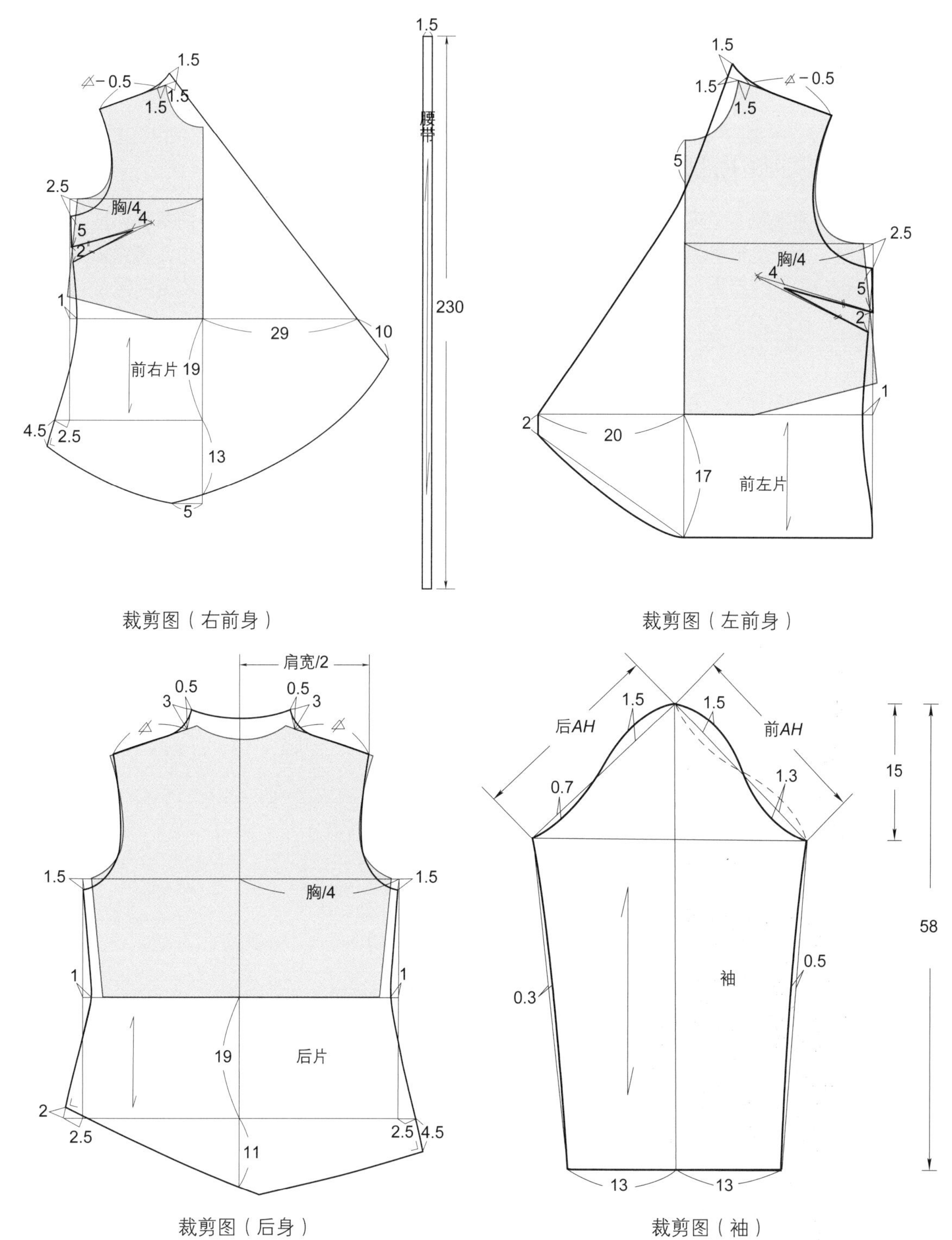

裁剪图（右前身）

裁剪图（左前身）

裁剪图（后身）

裁剪图（袖）

裁剪片数

前右片	1片	后身片（整）	1片	腰带片	1片	前右领贴边片	1片	斜条边	3条
前左片	1片	后领贴边（整）	1片	袖片	2片	前左领贴边片	1片		

实例 6-14 男式立领中式棉麻罩衣

裁剪制作说明：

此款男式罩衣造型采用了比例裁剪的制板方法，是一款适合春秋穿着的棉质罩衣。其由前身、后身、领子及袖子组成，前身对襟设计了5对手工盘制的一字扣袢；领子为传统立领；前衣身左右对称有贴口袋；圆装两片袖结构；前门襟贴边、袖窿、贴袋上口边及衣身底摆均有缉缝明线。其裁剪制作成单、夹罩衣均可。

效果图

款式图

规格确定

单位：cm

衣长	78
肩宽	48
胸围	114
袖长	65
袖口	32
前腰节	45

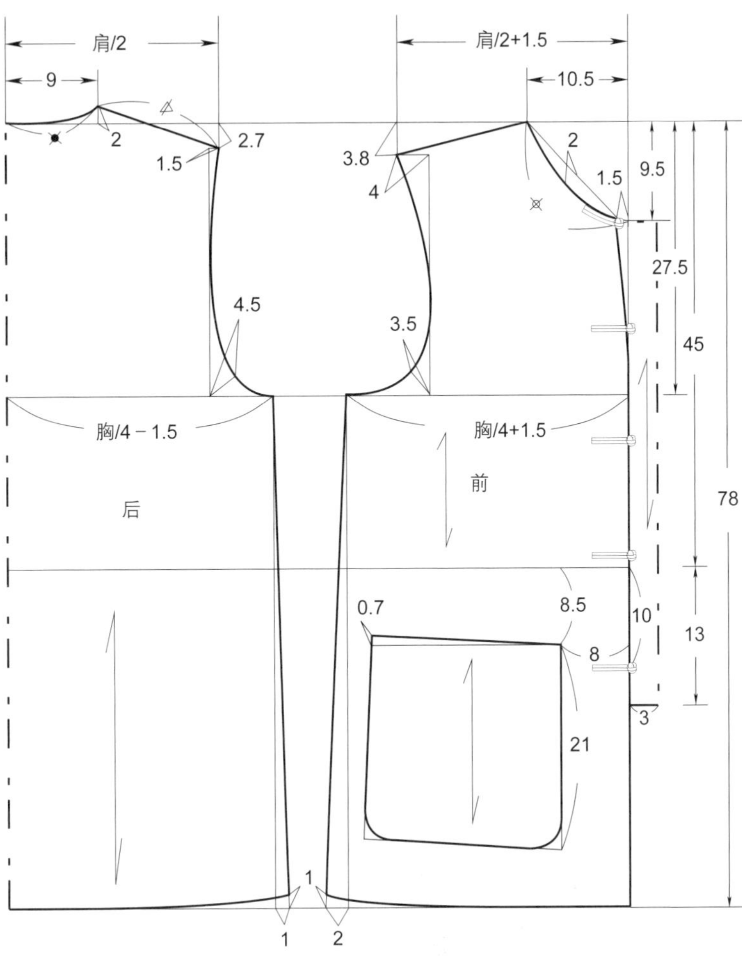

裁剪图（身）

裁剪图（袖、领）

裁剪片数

前衣片	2片
后衣片（整）	1片
大袖片	2片
小袖片	2片
领面片（整）	1片
底襟片（整）	1片
领里片（整）	1片
过面片	2片
扣袢	5对
口袋片	2片

实例 6-15 男式高档香云纱中式连袖罩衣

裁剪制作说明：

此款造型采用中式传统的一字平裁的制板方法，是一款前后无肩缝的衣连袖罩衣。其前身对襟设计了5对手工盘制的一字扣袢；领子为传统立领；前衣身左右对称，贴有口袋；侧缝有开衩；袖口夹缝制作了袖口外翻边。其选用香云纱面料，裁剪制作成单、夹罩衣均可。制作时，应注意前、后样板的袖中缝拼合后再进行裁剪。

效果图

款式图

规格确定

单位：cm

衣长	80
肩袖长	84
胸围	120
袖口	40
前腰节	43

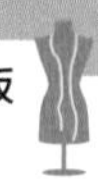

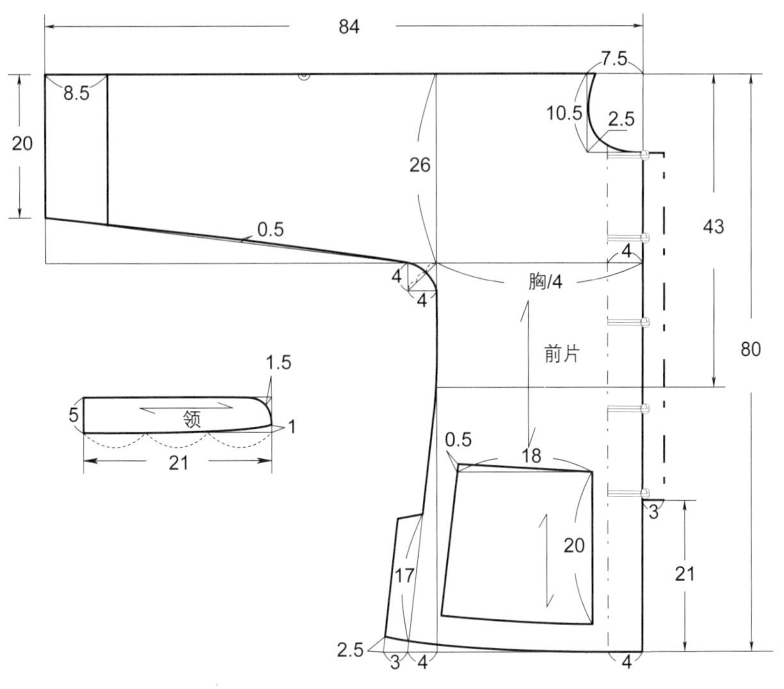

裁剪图（前身、领）

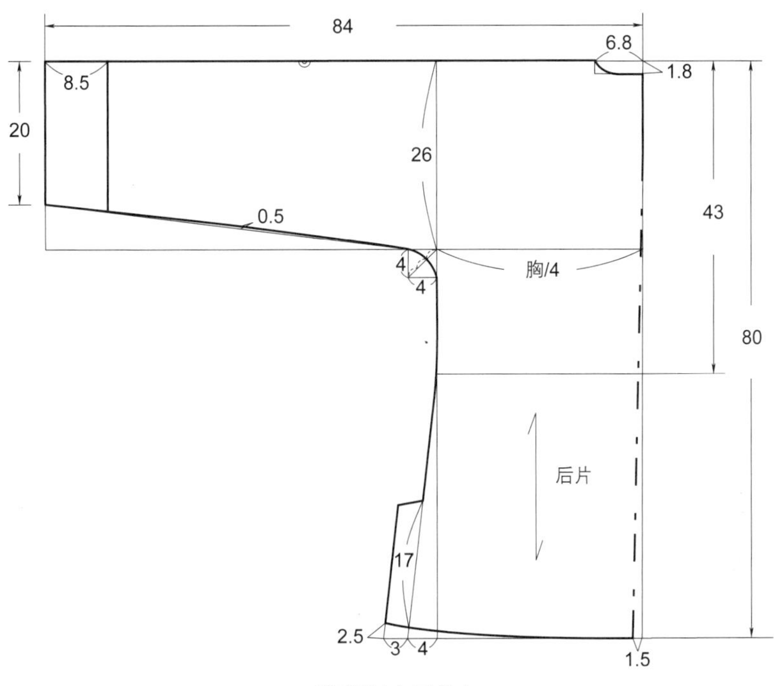

裁剪图（后身）

裁剪片数

前后衣片（整）	1片	领里片（整）	1片	领面片（整）	1片	扣袢	5对
过面片	2片	底襟片（整）	1片	口袋片	2片	袖口外翻边	4片